**PEARSON**

# 代码整洁之道
## 程序员的职业素养

# The Clean Coder
### A Code of Conduct for Professional Programmers

[美] Robert C. Martin 著

余晟 章显洲 译

人 民 邮 电 出 版 社

北 京

图书在版编目（CIP）数据

代码整洁之道：程序员的职业素养 / （美）罗伯特
• C. 马丁（Robert C. Martin）著；余晟，章显洲译
. -- 2版. -- 北京：人民邮电出版社，2016.9
书名原文：The Clean Coder: A Code of Conduct
for Professional Programmers
ISBN 978-7-115-43415-9

Ⅰ. ①代… Ⅱ. ①罗… ②余… ③章… Ⅲ. ①软件开
发 Ⅳ. ①TP311.52

中国版本图书馆CIP数据核字(2016)第205187号

## 内 容 提 要

　　本书是编程大师"Bob 大叔"40 余年编程生涯的心得体会的总结，讲解要成为真正专业的程序员需要具备什么样的态度，需要遵循什么样的原则，需要采取什么样的行动。作者以自己以及身边的同事走过的弯路、犯过的错误为例，意在为后来者引路，助其职业生涯迈上更高台阶。

　　本书适合所有程序员阅读，也可供所有想成为具备职业素养的职场人士参考。

◆ 著　　　 [美] Robert C. Martin
　 译　　　 余　晟　章显洲
　 责任编辑　杨海玲
　 责任印制　焦志炜

◆ 人民邮电出版社出版发行　　北京市丰台区成寿寺路 11 号
　 邮编　100164　电子邮件　315@ptpress.com.cn
　 网址　http://www.ptpress.com.cn
　 大厂回族自治县聚鑫印刷有限责任公司印刷

◆ 开本：800×1000　1/16
　 印张：12.5　　　　　　　　2016 年 9 月第 2 版
　 字数：230 千字　　　　　　2024 年 11 月河北第 35 次印刷
　 著作权合同登记号　图字：01-2012-3060 号

定价：49.00 元
读者服务热线：(010)81055410　印装质量热线：(010)81055316
反盗版热线：(010)81055315

# 版权声明

# 献辞

　　1986 年至 2000 年期间，我在 Teradyne 公司工作时，和同事 Jim Newkirk 成了密切合作的搭档。我们两人都醉心于编程，醉心于追求整洁代码，花了很多时间尝试各种不同的编程风格，把玩各种设计技术。我们还在一起构思各种商业设想。最终，我们一起创办了 Object Mentor 公司。在和 Jim 共事的过程中，我从他身上学到了很多东西。其中最重要的，是他对于职业道德的态度，这一点也是我一直努力效仿的。Jim 是极为专业的。我以曾与他共事合作而深感自豪，视他为良师益友。

# 译者序 1：享受职业素养

我在招聘中经常会问："在你过去的工作中，遭遇过哪些印象深刻的困难，最后是怎么解决的？"依我的经验，简历写得再漂亮的人，如果这个问题答不好，大都可以直接忽略。为什么会有这种结论？因为我们需要招聘的不是"经历丰富"的人，而是"有职业素养"的人。你遇到的问题可能很容易也可能很难，但我看重的并不是问题的难度，而是解决问题的方式、步骤以及反思的程度。恢复误删数据，对很多人来说这是非常简单的任务。我更感兴趣的是怎样分析问题，找了怎样的资料，采取了怎样的步骤，此后做了哪些措施来避免这种错误再次出现。在我看来，与问题本身的难度相比，解决问题的方式、步骤以及反思的程度，才能体现出一个人的职业素养。

是的，上面我两次提到了"职业素养"。相比起"专业主义""职业化"等说法，我更喜欢用它来翻译 Professionalism，因为素养强调的并不是天赋的神秘，也不是技艺的高深，而是持续积淀的结晶：一方面，它体现了能力和素质；另一方面，它又强调了持续的积累和养成。作为职业开发人员，基本技能不够熟练，当然谈不上职业素养。但是仅仅能迅速地编写代码，却不关心代码背后的意义，不能迅速判断、解决程序运行中的各种问题，不能自信满满地为自己交付的程序承担责任，同样是与职业素养绝缘的——许多所谓的"高手"，正是缺乏职业素养的典型。

当然，这只是我对于"职业素养"的理解。由个体经验总结的"职业素养"，多有一鳞半爪的嫌疑，所以即便你认同上面的观点，也难免感觉"只见树木，不见森林"。其实真正的"职业素养"绝不限于上述几方面，而是要广阔得多，深刻得多。要想一窥技术人员"职业素养"的全貌，已经有很多现成的资料可以参考，本书就是其中的佼佼者。

作为一本技术类书籍，本书中有相当的内容是介绍纯技艺的方面，比如测试驱动开发等，自认已经算"职业开发人员"的人，大概对此并不感冒（不过，我仍然建议你认真看看）。但其他的内容，绝对值得你感冒，比如：什么情况下应该对业务部门说"是"，说"是"意味着什么。如果你没有想过这些问题，或者没有明确的答案，不妨看看 Bob 大叔是怎么说的：

（说"是"时）你对自己将会做某件事做了清晰的事实陈述，而且还明确说明了完成期限。那不是指别人，而是指你自己。你陈述的是自己会去执行的一项行动，而且，你不是"可能"去做，或是"可能做到"，而是"会"做到。

就我所见，技术人员往往太容易说"是"，总是在没有明确目标和期限的情况下，就草率给出了确认的答复，却不将其视为自己的承诺。屡见不鲜的项目延期，有相当原因就是在这种不负责任的情况下说"是"所致。但是我们想想，似乎没有哪一个正经行业，会把不能完成任务的人视为"有职业素养的人"，软件行业也不能例外。

如果你觉得自己已经足够负责，懂得"是"背后所蕴含的意义和责任，也不过如此，我们不妨更进一步，看看关于说"否"。在第 2 章，Bob 大叔介绍了两个项目搞砸的经过。他并没有像常见的所谓专家那样故作聪明地指出实施过程中出现了哪些问题，导致了失败，而是一针见血地指出：这两个项目之所以会搞砸，因为开发人员没有坚决抵制各种不专业的需求（比如一些无关紧要但成本巨大的需求），抵制各种不专业的行为（比如为了赶工期而降低对程序质量的要求），最终只好喝下自己酿出的苦酒。对此，Bob 大叔总结道：

有时候，获取正确决策的唯一途径，便是勇敢无畏地说出"不"字……我们要明白，委屈专业原则以求全，并不是问题的解决之道。舍弃这些原则，只会制造出更多的麻烦……

对我来说，这段话堪称振聋发聩。而且，这种思维，这种视角，其实是许多技术人员所不屑或者不愿面对的——最初我也这么认为，但尝试在工作中主动说了几次"不"之后，我逐渐发现：花三分的力气去抵制无理的需求，可以节省十分甚至二十分的开发时间；相反，自欺欺人地说服自己凑合接受了无理需求，往往会非常被动乃至无法脱身，到最后，项目就落得著名的 IBM OS/360 操作系统的下场，越挣扎，巨兽在泥潭中就陷得越深。

要学习这样的道理，当然也可以参加培训班，听取授课或者阅读讲义，但那未免太显正经而缺乏亲和力。Bob 大叔的特别之处在于，他总是可以通过浅显易懂的故事，清晰而敏锐地揭示问题的核心所在。其中许多故事正是他自己亲身经历的，阅读过程中常会会心一笑，因为遇到了开发人员都懂的妙趣，比如费尽全力也是徒劳，无法让其他人理解"编辑程序的程序"。笑过之后，又会明白许多道理——无法让其他人理解"编辑程序的程序"并不是真正的原因，真正的原因是："客户……对功能的设想，其实经不起电脑前真刀真枪的考验……问题在于，东西画在纸上与真正做出来是不一样的。业务方看到真正的运行情况时就会意识到，自己想要的根本不是这样。一看到已经满足的需求，关于到底要什么，他们就会冒出更好的想法——通常并不是他们当时看到的样子……真正的解决办法，是约定共同认可的验收测试标准，并在开发过程中保持沟通。"以我的经验来看，这一点是说得非常对的。我曾经尝试在与业务部门确定目标原型之后，要求对方指派对接人在 IT 部坐班，负责协商、跟进整个开发流程，确认每一点修改。这样既保证最终结果符合业务部门的需求，又提高了开发人员的工作效率，综合来看成效非常显著。

类似的例子还有很多，在阅读这本书时，我经常会惋惜：如果早一点读到这本书，或许我之前就不会犯这样那样的错误，就能更早更好地积累自己的职业素养。况且能有妙趣横生的书讲述看似枯燥的"职业素养"，对读者来说，又是一种幸运。德国作家托玛斯·曼曾经津津乐道于"斜躺在沙发上整天阅读叔本华"的美妙感觉，那是因为叔本华的文笔优美、流畅，可以把哲学变为惬意的享受。作为同时读过叔本华和 Bob 大叔的人，我想说，斜躺在沙发上整天阅读《程序员的职业素养》，认识和了解开发人员的职业素养，同样是相当惬意的享受。

余晟

广东，2012/7/18

# 译者序 2：负阴抱阳，知行合一

"师者，所以传道授业解惑也。" Robert C. Martin，软件开发社区中亲切地称他为 Bob 大叔，正是这样一位明师。

2003 年，他的《敏捷软件开发：原则、模式与实践》（下称 ASD）在国内上市。我那时进入软件开发行业刚刚一两年，这本书真可谓是及时雨。在精读全书和细心对照书中案例练习后，我感觉自己在面向对象设计方面的功力有了比较明显的提升。那时因工作环境所限，身边没有能够手把手给予技术辅导的导师，因此，那时在我心中 Bob 大叔无疑就是一盏指路明灯。后来在网上找到了不少 Bob 大叔的演讲 PPT，沿着链接，又找到了 Object Mentor 公司其他一些软件开发专家的演讲 PPT 和博客，我如饥似渴地阅读揣摩。现在回头想来，正是在这个阶段我开始建立起"编程技艺"的视角。

时间过得很快，转眼就到了 2010 年，不觉中我已在软件开发的多个领域工作了近 10 年。2010 年，Bob 大叔的《代码整洁之道》一上市，我马上给自己和项目团队订了好几本。在为 ASD 所写的序中，Bob 大叔写道："最好的软件开发人员都知道一个秘密：美的东西比丑的东西创建起来更廉价，也更快捷。构建、维护一个美的软件系统所花费的时间、金钱都要少于丑的系统。……美的系统是灵活、易于理解的，构建、维护它们就是一种快乐。"如果说 ASD 中更多的是 OO 设计思想和模式精髓的阐述，那么在《代码整洁之道》中，Bob 大叔提供了更为详尽的微距视角，涉及"命名""函数""代码格式""异常处理""单元测试"等编码主题，巨细靡遗地向软件工匠们极力传授整洁编码的艺术，进一步向软件开发社区慷慨分享了他在探索"软件之美"旅途中的参证心得。

但是，细心的读者可以发现，在前述两本书中 Bob 大叔阐述的主体还是软件编码技术本身，作为一门技艺而言，止步于具体技术或曰"术"的层面，应该还未算得完整。后来，在 YouTube、SlideShare 和 Object Mentor 等站点上，我看见 Bob 大叔有不少演讲趋向于聚焦在编程主体即软件开发者自身行为模式和特质层面上，就猜到他不久应该就会有此方面的新著推出。Bob 大叔就是 Bob 大叔，在探索和分享软件技艺的路上，他内心怀有对软件开发社区发展责无旁贷的使命感。果不其然，他将这些体悟浓缩在又一本新著上，这本书便是读者手上的这本《代码整洁之道：程序员的职业素养》。

## 2 译者序2：负阴抱阳，知行合一

本书阐述的是 Bob 大叔关于软件技艺主体的沉思，这些沉思并非是纯粹形而上的思辨推演，而是他对自身编程生涯的深刻反思和经验沉淀。在这本书中，Bob 大叔并非是以高人一等的凌人盛气（事实上，他应该有这样的资格）大行说教，而是毫不掩饰自己在职业生涯中曾犯下的各种错误和不堪往事，以这些案例为载体，现身说法，娓娓道来使自己得以转变和提升的种种"机锋"，并留有意味深长的空间，供读者自己结合自身状况进一步体悟提炼，而非给出硬邦邦的一堆结论。这是何等的胸怀、格局和智慧！

按照传统的太极阴阳思维来看，如果说 ASD 和《代码整洁之道》中的内容是硬性的、技术性的、显性的，故而可以归为"阳"的范畴，那么本书中的"专业主义""技艺之道"便是软性的、哲学性的、隐性的，故而可以归为"阴"的范畴。"孤阴不生，独阳不长"，《老子》说"万物负阴而抱阳，充气以为和"。Bob 大叔这三本书为何都选择星云图片作为封面呢？我忽有顿悟。

严肃地选择以软件开发为自身职业方向的软件工程师（我更喜欢称为"软件工匠"）们，如果你同我一样，此前感觉颇为受益于 Bob 大叔的谆谆教诲，那么请不要错过本书。将本书和 ASD、《代码整洁之道》并列案头，三书互为参照，一并静心细读、揣摩体悟、时时对照、检验调整，做到负阴抱阳、知行合一，相信定能渐入佳境。

本书本该早日完成翻译面市，但因我个人方面的一些原因，翻译进度耽搁时日颇多，使我内心极为惴惴不安，这点必须向各位读者，尤其是 Bob 大叔的粉丝和在从事软件开发过程中遇到困顿境地的读者们，深深致歉！

感谢人民邮电出版社的各位编辑对我的信任、宽容和指导。我对人民邮电出版社在技术专著引入和传播事业上的孜孜以求与坚持不懈的精神十分敬佩！

感谢蔡煜兄（@larrycaiyu）对几章译稿的前期试读，并提出了不少改善的地方。（我在 2010 年上海 ScrumGathering 会议上结识蔡煜，此后从他的博客和微博上受益不小。）

感谢余晟兄作为审校者为本书付出的辛勤汗水，你的修订和润色使本书的正确性、可读性有了本质性的提升。如果没有你，我不知道自己是否有勇气将译稿交付出版。在进度滞后的情况下，你又慷慨接受我的邀请成为合译者，在繁忙的工作之余拨冗翻译了本书的第 6、7、9、10 章，使得本书得以早日和中文读者见面。你是我遇见的专业人士的典范，我从你身上学到许多东西。谢谢！（但人非圣贤，如书中难免存有错讹之处，那是我的责任。）

最后，必须感谢支持我完成艰苦翻译工作的家人，包括我的父母、爱妻 Jenny 和胞妹 Agnes 以及小儿多多。占用了很多本该属于你们的周末时间，我心中深感愧疚，但你们总是很宽容地表示理解，这又使我感觉欠你们更多。

　　最后，祝读者能够开卷有益，相信作为作者的 Bob 大叔、引进者的人民邮电出版社和译者的我们，定然感到十二分的欣慰。

章显洲

杭州，2012/7/30

# 序

你选了这本书，那么我不妨认为你是一名软件专业人士。很好，我也是。既然如此，我得和你谈谈，我为什么会读这本书。

事情是这样的：不久以前，在不远的地方。来，背景、灯光、摄像、演员，一切就绪，那我就开讲了……

几年前，我在一家中等规模的公司工作，公司销售的是政府严格管制的产品。这类公司的样子你肯定想象得出：办公场所位于一幢三层小楼里，我们坐的是格子间，总监级以上人物则可以拥有私人办公室；把相关人员召集到会议室里开个会，可能得花一周左右的时间。

每当政府放开一个新产品的时候，我们面临的市场竞争就非常激烈。

突然间我们拥有了一批全新的潜在客户，我们所要做的就是让他们购买我们的产品。这意味着必须在某个截止日期前向政府提出申请，在第二个截止日期前通过评估审计，并在第三个截止日期前完成交付。

管理层一遍又一遍地向我们强调这些截止日期的重要性。失误一次，政府就会让我们退出市场一年。如果客户没有在第一时间和我们签约，他们无一例外会选择其他供应商。如果拿不到订单，我们就彻底出局了。

在这种环境下，有些人会抱怨，有些人则会说："艰难困苦，玉汝于成。"

我那时是从开发部门晋升上来负责技术方面工作的项目经理。我的职责是确保网站按期上线，这样潜在客户便可以从网站上下载资料，其中最重要的资料是注册表单。负责业务方面的项目经理是我的搭档，我叫他 Joe。Joe 的工作职责是销售、做市场推广和分析非技术性需求。这位老兄平素也挺喜欢拿"艰难困苦，玉汝于成"这样的调调说事。

如果你在美国公司工作过，肯定知道指责、过失追究和工作厌恶症都是司空见惯的。不过在我们公司里，Joe 和我有个十分有效的办法来解决这类问题。

我们这对搭档有点儿像蝙蝠侠与罗宾，任务就是要把事情搞定。我每天都会在一个角落和技术团队会面。我们每一天都会调整计划，找到关键路径，扫除在关键路径上所有可能出现的障碍。如果有人需要什么软件，我们就去弄来。如果有人一边抱怨"天哪，我该吃午饭了"，一边说自己更"喜欢"配置防火墙，我们就会给他买份午餐。如果有人想去搞定配置问题，但手上还有其他更重要的事项要去处理，Joe 和我便会去找他的主管协调。

如果不行，就去找经理。

再不行，就去找总监。

总之，肯定会把事情搞定。

如果说我们常常大动肝火、踢翻椅子，以大吼大叫的方式来沟通，这可能有点儿夸张了，但我们确实使尽了浑身解数来搞定遇到的每件事情，还想出了一些新办法。让我一直自豪的是，我们并没有违背职业道德，没有为达目的不择手段。

我认为自己是团队的一员，而非凌驾于团队之上、只会中途插进去写一句 SQL 语句或做点儿结对编程写一两句代码的那种人。当时，我也是如此看待 Joe 的，认为他也是团队成员之一，而不是凌驾于团队上，置身事外。

后来我才明白，Joe 自己并不是这么看的。对我来说，这是令人很郁闷的一天。

那是个星期五下午的一点钟，下周一一早，网站就要按计划上线了。

完工了。*DONE*。每个系统都已就绪，我们已经准备好了。我把整个技术团队召集在一起，召开最后一次 Scrum 会议，准备上线。与会的不只是技术团队，还有市场营销、产品负责人这些业务人员。

我们感到十分自豪。这真是个美妙的时刻。

这时，Joe 进来了。

他大致是这样说的："有些坏消息。法务还没准备好注册表单，因此网站还不能启用。"

这没什么大不了的。在整个项目过程中，我们时常受阻，不是因为这样的事就是因为那样的事，但是，对付这些障碍，我们的"蝙蝠侠与罗宾"这招却屡试不爽。我对此已有对策："好的，伙计，我们再试试老办法。法务在三楼，对吧？"

气氛不太对头。

Joe 并没有同意我的提议，而是反问："Matt，你是什么意思？"

我说："你知道的。我们的经典配合。我们现在谈论的就只是 4 个 PDF 文件，对不对？这些 PDF 文件已经准备好，就差法务批准下就可以了，是不是？我们只要在他们旁边盯牢他们，应该就可以把这件事情搞定的！"

Joe 不同意，他回答说："我们下周只需迟些时候上线网站就可以。没什么大不了的。"

你可能已经猜到了后续的交谈，大致像下面这样。

Matt："但是为什么呢？他们只需要几个小时就可以搞定的。"

Joe："几个小时可能不够。"

Matt："但是他们整个周末都可以处理啊。时间很充裕。就这么办吧！"

Joe："Matt，这些法务都是专业人士。我们不能逼迫他们，没理由要求他们为了我们这个小小的项目而牺牲个人时间。"

Matt：（暂停）"……Joe……那你对过去这四个月来我们对技术团队所做的事情又做何感想呢？"

Joe："没错，但是这些法务可是专业人士。"

冷场。

深呼吸。

Joe 刚才说什么来着？

那时，我认为把"专业人士"这个词用在技术人员身上最贴切不过。

但现在仔细回想一下，我对此已经不那么确定了。

让我们换一个视角，再来看看"蝙蝠侠与罗宾"技术。我认为我是在鼓励团队努力呈现他们的最佳状态，但我怀疑 Joe 是在和我们玩博弈，他暗地里认为技术人员是站在他的对立面的。想想看：不然又有什么必要到处巡视，在依赖别人做事的同时，又常常闹出踢翻椅子大动干戈这样的事呢？

为什么我们不能去询问团队成员项目什么时候可以完工，在获得确切回答之后就相信这个回答，也不必因此受煎熬？

当然可以，作为专业人士，我们确实应该做到这一点……但我们确实还做不到。Joe 并不信任我们，只有对技术团队进行微观管理才能让他安心。而与此同时，出于某种原因，他确实能够信任法务团队，也并没有要对他们进行微观管理的想法。

这一切说明了什么问题？

法务团队肯定以某种方式展现了他们的专业精神,而技术团队尚未做到这点。

这些团队肯定以某种方式让 Joe 信服,他们并不需要保姆一直跟在身边,他们彼此间不是在玩博弈游戏,他们应该被视为值得敬重的合作伙伴。

不,我不认为这和那些挂在墙上的花哨证书,或是他们在大学里多待了些年头有什么关系,尽管那些年的大学生活可能让他们接受了不少关于如何表现得更专业的社交方面的训练。

自从多年前的那一天之后,我一直在想,技术人员需要如何改变才能被视为专业人士呢?

哦,我已经有了一些体会。我已经用博客记录了一些想法,也看了很多相关的内容,我设法以此改善自己的工作和生活状况,同时也能帮助其他人有所提升,但我还不知道有人在这方面有什么写作计划,把如何成为软件专业人士的全部秘诀和盘托出。

直到后来,有一天,我意外地获得审阅一本书的初稿的机会。这本书,正是你现在手中拿着的这本。

这本书将会由浅入深、详细讲解该如何展现自己,如何以专业人士的方式与人交流协作。没有陈词滥调,也非寻章摘句纸上谈兵之作,里面阐述的都是具体的行动方法和要诀。

其中的某些案例中,作者可谓用心良苦,字字诤言。

一些例子中有对话录和总结,甚至还针对别人"无视你"的情形专门提供了相关的行动建议。

嘿,看,Joe 又来了,我们回到了早前那一幕。

Joe 和我,我们又回到那家大公司,把那个网站大项目重新做一次。

只不过这次,请想象一下,这次的做法有一点点不同。

这次,技术人员不再找借口拖延,而是勇担重任;不再推卸估算工作或置身事外让其他人来做计划(然后对计划抱怨不休),而是真正做到了自组织,并做出了郑重承诺。

现在想象一下,大家能够真正紧密协作起来了。当程序员因为运维方面的问题受阻时,他们会打电话给系统管理员,之后,系统管理员就会马上着手清除障碍。

Joe 也不必大动干戈才能推进解决 14321 号问题;他可以看到 DBA 正在勤奋工作,而不是在网上冲浪。同样,他从技术人员那里拿到的估算结果看起来非常一致,他不会感觉项目在技术人员那里的优先级是无足轻重的。以往所用的试图操控进度的所有招数手段,现在都派不上用场了,技术人员现在不会说"我们尽力而为吧",而会代之以"这是我们的承诺;如果你想调整目标,请随时联系我们"。

过了一段时间，我想 Joe 就会认同技术团队同样也是专业人士。是的，确实如此。

那么，想要从技术人员晋升为专业人士，该经历哪些步骤呢？本书将为你悉数讲解。

祝你迈上职业生涯更高的一个台阶。我想你肯定会喜欢这本书的。

Matthew Heusser

软件过程博物学家

# 关于封面图片

　　封面所用的这张惊艳图片（图片来源于 NASA 和 Hubble Heritage 团队），很容易让人联想到《指环王》中魔王索伦的眼睛，它是 M1 蟹状星云。M1 位于金牛座，在金牛左角尖的天关星右边约一度位置。整个蟹状星云是一次超新星爆发之后散开的残骸，它的亮度和木星差不多。在 6500 光年外的地球，古代中国的天文学家观测到了这场爆炸，日期刚好是公元 1054 年 7 月 4 日（美国国庆日）。实际上，当时的人们在白天用肉眼就看得见！过了 6 个月，它才从肉眼能见的视野中淡出。

　　这张封面图片是由可视光线和 X 射线合成的。可见光图像由哈勃望远镜摄得，作为外层；内中看起来像蓝色靶心的图像是由钱德拉 X 射线望远镜摄得。

　　可见光图像显示的是超新星爆发时混合着重物质残骸迅速膨胀的尘埃和气体云。此星云现在的直径为 11 光年，质量是太阳的 4.5 倍，并且仍以每秒 1500 km 的速度剧烈膨胀。不说别的，光是这次古老爆发所产生的动能也足够震撼了。

　　靶心正中的那个蓝色亮点正是脉冲星所在。正是脉冲星的形成导致恒星爆炸。在那颗濒临死亡的恒星内核，约有一颗与太阳（直径约为 1400 000 km）差不多质量的物质聚爆成直径约 30 km 的中子星。聚爆产生的巨大动能，加上中子形成时微中子的猛烈冲击，撕裂了恒星，宣告了它的死亡。

　　脉冲星仍在以每秒 30 次的速度旋转，并且一边旋转一边发光，通过望远镜可以看到闪光。正是由于这种光线脉冲，人们才把它命名为"脉冲星"。

# 前言

1986 年 1 月 28 日，美国东部时间上午 11:39，"挑战者"号航天飞机在发射仅 73.124 秒后，因右侧固体火箭助推器的故障，在 1.5 万米的高空化成碎片。7 名航天勇士魂断苍穹，其中包括高中教师克丽斯塔·麦考利芙。麦考利芙的母亲目睹女儿在 1.5 万米高空中不幸罹难，当时她脸上的表情，至今印刻在我的心头无法拂去。

挑战者号之所以解体，是由于高热气体从出现故障的固体火箭助推器的外壳接缝处泄漏出来，喷到外部燃料舱体上。主液氢燃料舱底部发生爆炸，液氢被点燃，并将液氢燃料推入上方的液氧燃料舱中。与此同时，固体火箭助推器脱离了下支架，开始绕上支架滚动。推进器的机头捅破了液氧舱。变形的助推器导致整个飞行器被气流推着旋转，但同时仍然以 1.5 马赫的速度飞行。强大的作用将"挑战者号"撕成碎片。

在火箭助推器的圆形接缝处，有两个由合成橡胶制成的同心密封圈。当壳体通过螺栓连接在一起时，密封圈被压缩，起到密封作用，确保气体不会从接缝处逸出。

但在发射前夜，发射台气温降到了-8℃，比密封圈的最低承限温度低了13℃，比以往发射气温低了18℃。这个气温下的密封圈已经硬得失去了弹性，无法很好地密封高热气体。助推器点火后，高热气体迅速累积，对壳腔形成了压力脉冲。助推器壳体向外膨胀开来，密封圈受到的压力变小。但是硬化的密封圈缺乏弹性无法保持密封，一些高热气体就泄漏出来，并且将密封圈上超过1/6的部分都气化了。

设计助推器的莫顿·赛奥科公司的工程师事前已经知道密封圈有问题，并早在7年前就已经将这些问题报告给莫顿·赛奥科公司和美国宇航局的管理人员。事实上，在以前的发射中，密封圈就曾出现过类似的损坏，只是没有引发灾难而已。发射气温越低，后果就越严重。工程师们已经针对该问题设计了修复方案，但修复方案却迟迟未得以实施。

工程师们知道密封圈在低温的时候会硬化。也知道挑战者号发射时的气温比以往任何一次发射时的都要低，远低于红色警戒线。简而言之，这次发射的风险太高了，他们不能对风险视而不见。于是他们写了备忘录，发出高危预警信号。他们强烈要求莫顿·赛奥科公司和美国宇航局的管理人员们取消此次发射任务。在临发射数小时前召开的紧急会议上，这些工程师展示了最有说服力的数据。他们摆事实、讲道理，软硬兼施，拒绝执行这次发射任务。但最后，管理人员们却对此无动于衷。

发射时，一些工程师不忍观看现场直播，因为他们担心发射台上会发生爆炸惨剧。但是，随着挑战者号优雅升空，他们开始有点安心了。就在挑战者号解体前的瞬间，看着飞行器已经迈过1马赫的关口时，一位工程师还说他们已经"躲过一劫"。

管理人员们听不进去工程师们的抗议，也不看备忘录，更没有命悬一线的危急感。他们认为自己更了解情况，认为工程师们小题大做了，他们不相信工程师们的数据和结论。他们之所以进行这次发射任务，是因为面临着很大的财务和政治压力。他们对此心存侥幸，希望一切都能平安无事。

这些管理人员不只是愚蠢至极，他们是在草菅人命。他们以为自己才是专家，他们的恐惧、希望和直觉才是准的。恰恰是因为他们的自以为是，七名优秀宇航员的生命以及一代人对太空旅行的梦想，都在那个寒冷的早晨一起灰飞烟灭了。他们篡夺了真正了解情况的工程师们的权力。

而那些工程师呢？当然，工程师做了他们应该做的事情。他们通知了管理人员，并且极力捍卫自身立场。他们经由适当的渠道，调用了所有合适的沟通协议。他们做了在体系内力所能及的事情，只是最后不得不听从领导的决定。因此，看起来工程师可以问心无愧了。

但是，我不知道那些工程师之中，是否有人会躺在床上夜不能寐，眼前浮现克丽斯塔·麦考利芙母亲脸上的惨痛表情，为之前没有给丹·拉瑟[1]打电话而悔恨不已。

# 关于本书

这本书主要阐述软件开发者的专业精神。书中包含了许多实务性的意见，试图回答诸如以下的问题：

- ❏ 什么是软件专业人士？

- ❏ 软件专业人士如何行事？

- ❏ 软件专业人士如何处理冲突，应对很紧的工期，如何和不讲道理的管理人员打交道？

- ❏ 软件专业人士何时应该说"不"？怎么说？

- ❏ 软件专业人士如何应对压力？

你还会发现，在本书的实务性意见背后，隐隐体现出一种奋力突破的积极态度。这种态度提倡要诚信，要富有荣誉感、自尊心和自豪感，要勇于承担作为一名手艺人和工程师所肩负的重大责任。这种责任包括要努力工作，出色完成任务；要擅于沟通，能够就事论事；要管理好时间，能够坦然面对艰难的"风险回报"决策。

除此之外，这种责任之中还包括神圣的使命感。身为一名工程师，你比任何管理者可能都了解得更透彻。了解这些也意味着你肩负着要敢于行动的重大责任。

# 参考文献

[McConnell87]：Malcolm McConnell, *Challenger "A Major Malfunction"*, New York, NY: Simon & Schuster, 1987

[Wiki-Challenger]："Space Shuttle Challenger disaster."

---

1　丹·拉瑟，美国记者、新闻主播。曾任美国哥伦比亚广播公司的 CBS 晚间新闻的当家主播，此外也是新闻杂志节目 60 分钟的主持人。曾任美联社记者，自 1981 年 3 月 9 日登上晚间新闻当家主播算起，到 2005 年 3 月 9 日后告别主播台，担任此一职位长达 24 年整。——译者注

# 致谢

我的职业生涯中有很多次与他人合作的经历。尽管有很多事情是我个人的梦想与追求，但我几乎总能找到志同道合的人。这一点上，我觉得有点像《星球大战》里的西斯，"身边总会有伴"。

我认为，算得上专业的第一次合作，是在 13 岁时和 John Marchese 一起造电脑。我思考，他动手。我指出该焊线的地方，他来焊；我指出该装继电器的地方，他来装。我们乐此不疲地在这上头忙活了数百小时。我们的确鼓捣出了不少看着相当有型的家伙，上面装着继电器、按钮、小灯，甚至还有电传打字机！当然，这些电脑都没法用，但它们看起来真的很棒，我们也确实干得十分卖力。谢谢你，John！

进中学的第一年，我在德语课上认识了 Tim Conrad。Tim 很聪明。在我们搭档造电脑时，他思考，我动手。他教给了我一些电子学知识，他也是第一个向我介绍 PDP-8 的人。我们用一些很基础的元器件真的造出了一台可以工作的 18 位二进制计算器，能够进行加减乘除的运算。那年我们把所有的周末、春假、暑假和圣诞假期都投了进去，干得很疯。最终，机器跑得棒极了。谢谢你，Tim！

Tim 和我自学了计算机编程，在 1968 年，这并不是件容易的事，但我们做到了。我们特别找来了有关 PDP-8 汇编器、FORTRAN、COBOL、PL/1 的书。我们如饥似渴地读书，并写了一堆根本没有可能去实际执行的程序，因为我们当时还没法摸到计算机。但纯粹出于爱好，我们孜孜不倦地写了许多程序。

高二时学校开设了计算机科学的科目。学校有一台 ASR-33 电传打字机，通过一台 110 波特的拨号调制解调器，可以连接到伊利诺伊理工学院的 Univac 1108 分时系统上。学校在那上面有一个账号。Tim 和我马上就成了那台机器实际上的操作者，其他人都没法靠近它。

通过调制解调器连接到主机上时，要先拿起电话进行拨号，当听到准备接收调制解调器信号的回答时，按下电传打字机上的"orig"键，发起端的调制解调器就会发出尖锐的啸叫，开始发送信息。这时数据连接已经建立，可以挂断电话。

电话机拨号盘上有锁，只有老师才有钥匙。但这并无大碍，因为我们发现，只要在叉簧开关上拍打出电话号码，就可以拨出电话。我会敲鼓，节奏感很强，反应也快，所以即使电话上了锁，我也可以在 10 秒内把调制解调器拨通。

计算机实验室里有两台电传打字机，一台在线，另一台离线，两台都被学生们拿来写程序。学生们使用打孔纸带在电传打字机上录入程序，程序内容都打在纸带上。他们用的编程语言是 IITran，这种解释型语言相当强大。最后，学生们会把这些纸带放在电传打字机旁的一个篮子里。

课后，Tim 和我会拨通计算机（当然是通过敲打叉簧的方式拨通的），把纸带加载到 IITran 批处理系统里，然后挂断电话。载入速度大概是每秒 10 个字母吧，这个过程并不快。大概一小时后，我们会回拨电话，接收打印内容，这次仍然是每秒 10 个字母。电传打字机无法根据学生姓名分页返回结果列表。它只能一页接一页不断地打出返回结果。因此，我们需要用剪刀把返回的打印结果剪开，用夹子把输入纸带和结果列表夹在一起，再放到专门装输出结果的篮子里。

Tim 和我成了此道达人。甚至连老师们看到我们在那个房间里也不会来过问。我们其实有点越界了，他们对此也很清楚，因为他们从未要求我们这么做，也从没说我们可以这么做，更没给过我们电话的钥匙。我们悄悄进去，他们默契离开——放手让我们去做。在此，向我的数学老师 McDermit 先生、Fogel 先生和 Robien 先生一并说声："谢谢你们！"

做完作业之后，我们就开始玩了。我们会一个程序接一个程序地写着玩，极尽疯狂之能事。我们在电传打字机上编写能够使用 ASCII 绘制圆形和抛物线的程序。我们编写随机漫步程序和随机文字生成程序。我们将 50 的阶乘算到最后一位。我们乐此不疲地想出各种编程题目，并努力用程序实现。

两年后，Tim、我们的伙伴 Richard Lloyd 还有我，被 ASC 公司聘为程序员。这家公司位于伊利诺伊州莱克布拉夫市。当时 Tim 和我都只有 17 岁。我们当时觉得上大学是浪费时间，便决定马上进入职场。在那里我们遇见了 Bill Hohri、 Frank Ryder、Big Jim Carlin 和 John Miller，他们为我们这些年轻人提供了学习专业编程的实战机会。那段经历有得有失。当然，我在其中颇受教益。所以，我想对他们所有人，包括促进和推动这个过程的 Richard，说声："谢谢你们！"

19 岁那年我辞职了，并且变得消沉。在那段时间，我在姐夫那里修理割草机，但是我干得实在太糟了，最后他不得不炒了我。谢谢你，Wes！

一年后我又重整旗鼓，进入了 Ourboard Marine 公司。那时我已经结婚了，而且正要升级做爸爸。他们最终也炒了我。谢谢你们，John、Ralph 还有 Tom！

随后我开始在 Teradyne 工作，在那儿我认识了 Russ Ashdown、Ken Finder、Bob Copithorne、Chuck Studee，还有 CK Srithran（现在叫 Kris Iyer 了）。Ken 是我的老板，Chuck 和 CK 是我的搭档。我从他们所有人身上都学到了许多东西。谢谢你们，伙计们！

接着我遇见了 Mike Carew。在 Teradyne，我们俩成了黄金搭档。我们一起写了好几个系统。"如果你想活儿干得又快又好，就把它交给 Bob 和 Mike！"我们共事的时光充满欢乐。谢谢你，Mike！

Jerry Fitzpatrick 也是我在 Teradyne 时的同事，我们是在玩"龙与地下城"游戏时认识的，但随即迅速结成同盟。我们一起为玩家写了一个可以在 Commodore 64 家用电脑上运行的"龙与地下城"游戏软件。在 Teradyne，我们还一起开始了一个叫"电子接线员"的项目。Jerry 和我共事了好几年，并成为我的终生挚友，谢谢你，Jerry！

在 Teradyne 时，我曾在英国工作过一年。在那儿我和 Mike Kergozou 搭档，期间所有事情我们几乎都是两人一起筹划的，虽然这些事情大部分与自行车和酒吧分不开。Mike 是个十分勤勉的程序员，注重质量和原则（不过，或许他自己不会认同这样的评价）。谢谢你，Mike！

1987 年从英国回来后，我开始和 Jim Newkirk 搭档。我们都离开了 Teradyne（前后相隔几个月），加入了一家新创公司 Clear Communication。我们在那里一起努力拼搏了好几年，却一直没能成就财富梦想。但是，我们还是奋力前行。谢谢你，Jim！

最终我们一起创办了 Object Mentor 公司。在所有我有幸共事过的人中，Jim 是最率直、最严谨和最专注的。他教会我许多事情，内容之多在此无法一一列举。为此，我谨将本书题献给他！

此外，和我搭档过的、合作过的、对我的职业生涯产生过影响的人，还有许许多多，他们是：Lowell Lindstrom、Dave Thomas、Michael Feathers、Bob Koss、Brett Schuchert、Dean Wampler、Pascal Roy、Jeff Langr、James Grenning、Brian Button、Alan Francis、Mike Hill、Eric Meade、Ron Jeffries、Kent Beck、Martin Fowler、Grady Booch 等。还有许多人的名字恕在此无法一一详列。谢谢你们每个人，谢谢大家！

当然，我亲爱的妻子 Ann Marie 是我最好的人生搭档。我 20 岁时和 Ann 结婚，那时她的 18 岁生日刚过去 3 天。38 年来，她一直是我坚定不移的伴侣，是我的舵，我的帆，也是我的爱与生命。我期待同她携手再走 40 年。

现在，我的合作伙伴和搭档则是我的孩子们。我和大女儿 Angela 合作紧密，她是我可爱的小保姆和坚强的助手，她让我在专注前行的同时，不会错过一个约会或是遗忘任何承诺。我和儿子 Micah 也是业务上的搭档。他创办了 8th Light，他的商业头脑远胜于年轻时的我。

## 4 致　谢

我们新近的合作事业 Clean Coders 令人激动！

我的小儿子 Justin 刚刚开始加入 Micah 的 8th Light。我的小女儿 Gina 是霍尼韦尔的化学工程师。他们的事业刚刚拉开序幕！

在生命中，我们从孩子们身上收获最多。谢谢你们，我的孩子们！

# 目录

# 必读引言

（千万别跳过本章，你以后会用得上其中的内容。）

我猜，你之所以拿起这本书，因为你是程序员，"职业素养"这个说法吸引了你。你应该如此。我们这种专业人士迫切渴求的，正是"职业素养"。

我也是程序员。我编了 42 年[1]的程序。这 42 年里，我什么都经历过。我被开除过，也被表扬过。我当过小组长，当过主管，也当过普通员工，甚至当过 CEO。我的同事有聪明绝顶的，也有混日子的懒鬼（slug）[2]。我曾经开发过尖端的嵌入式软硬件系统，也写过寻常公司的工资系统。我用过 COBOL、FORTRAN、BAL、PDP-8、PDP-11、C、C++、Java、Ruby、

---

1 别大惊小怪。
2 这是一种技术界的说法，来源未知。

Smalltalk，还有其他许多语言和系统。我的同事有混工资的家伙，也包括无可挑剔的专业人士。本书要讲的，正是那些无可挑剔的专业人士。

在这本书里，我会尝试定义专业程序员。我会讲解，成为真正专业的程序员，需要什么样的态度、原则、行动。

这些态度、原则、行动从哪里得知？它们源于我一路走来的亲身体会。坦白说，看到我第一次做程序员时的表现，你多半不会想到与"专业"二字搭边。

那是 1969 年，我 17 岁的时候。我父亲说服本地一家名为 ASC 的公司雇用我为兼职程序员。（是的，我父亲做得出这种事情。我曾见到他冲到疾驰的汽车前，伸出双臂大喊"停"，车真的就停下来了。没人敢对他说不。）那家公司把我扔在保管所有 IBM 电脑操作手册的房间里。我的任务就是把历年的更新记录到操作手册上。就是在那里，我第一次见到了"本页有意留空"（This page intentionally left blank）这句话。

这个活干了好几天之后，我的上司让我写个简单的 Easycoder[1]程序。领到这个任务可真叫人激动，我还从来没在真正的计算机上写过程序呢。不过，我曾钻研过 Autocoder 的说明书，对如何开始写这个程序，我也有些模糊的想法。

程序要做的就是，从磁带上读取记录，将旧的 ID 替换为新的 ID。新的 ID 从 1 开始，逐个加 1。然后，把更换了新 ID 的记录写到新的磁带上。

上司给我看了一个架子，上面堆着许多红色和蓝色的打孔卡片。想象一下，你买了 50 张纸牌，一半是红色的，一半是蓝色的，然后把它们一张张叠起来。那些打孔卡片就是这个样子的。这些卡片打着蓝色和红色的标识，每种颜色的卡片大概 200 张。卡片的内容是所有程序员都会用到的子程序库的源代码。程序员通常会拿走堆在最上面的卡片，确认没拿错其他卡片，然后把卡片排在自己程序卡片的末尾。

我自己的程序写在编码表单上。编码表单是纸做的巨大的矩形列表，有 25 行，80 列。每一行对应一张卡片。程序用大写字母和 2 号铅笔填在编码表单上。每行的最后 6 列，用 2 号铅笔编上号。通常编号以 10 为基础递增，这样将来还可以插入卡片。

填完编码表单，就要交给负责打孔的人。这家公司有几十名女员工，她们从一个大公文框中取出编码表单，然后把这些表单"打"到打孔机上。打孔机很像打字机，不过字符是打在卡片上的，而不是纸上。

---

1 Easycoder 是 Honeywell H200 上的汇编程序，类似 IBM 1401 上的 Autocoder。

第二天，负责纸带打孔的人会把对应的纸带通过办公交流信件发回给我。我那一小堆的打孔卡片，用我的编码表单包起来，外面用橡皮筋捆上。我想看看哪些卡片有打孔问题，但没有发现。于是我拿出一张子程序库的卡片，附加在我的程序卡片末尾，上楼交给电脑操作员。

计算机安放在密封的房间，有锁闭的大门，有高出地面的地板（用来走线）。我敲了门，操作员一脸严肃地拿走我那堆卡片，放在计算机房的另一个公文框内。等他们有空的时候，就会运行我的程序。

第二天，我拿回了自己的卡片。卡片外面裹着运行结果详单，用另一根橡皮筋捆起来（那时候我们得用很多橡皮筋）。

我翻开结果详单，发现编译失败了。详单里的出错消息我压根看不懂，所以我去找了上司。他仔细看了看，叽叽咕咕地说了几句，在上面做了个记号，然后拿起我的卡片，告诉我跟他走。

上司带我去了打孔室，找了一台没人用的打孔机。他逐个纠正了程序卡片上的错误，又加上了一两张卡片。他简单地介绍自己在做什么，但我根本来不及弄明白。

他把新的卡片带到计算机房，然后敲了门。他对操作员说了几句神秘的话，便跟在操作员身后进入了机房，还招手示意我跟上去。我们看着操作员开动磁带存储器，读入纸带。磁带旋转起来，打印机嗒嗒响起来，然后便结束了，程序运行正常了。

又过了一天，我的上司对我表示了感谢，告诉我以后不用来了。显然，ASC 认为他们没时间去教一个 17 岁的孩子写程序。

但是我和 ASC 却没有就此断了关系。过了几个月，我得到了一份全职的工作（虽然是三班倒的第二班），管理 ASC 的离线打印机。这些打印机以磁带上存储的图片为材料，印刷垃圾邮件。我的任务是给打印机装纸，给磁带机装磁带，解决卡纸问题，除此之外，就是盯着机器运行。

那是 1970 年，我上不了大学，也不想上大学。学校里一片喧嚣。我一直如饥似渴地学习使用 COBOL、FORTRAN、PL/1、PDP-8、IBM 360 汇编语言。我的想法是不去上大学，自学成材，尽自己的力量去找份编程的工作。

一年后我做到了。我晋升为 ASC 的全职程序员。我与两个好朋友——Richard 和 Tim，我们都是 19 岁——一起，与同一组的另外 3 名程序员为卡车司机工会编写实时会计系统。我用的计算机是 Varian 620i。这种微机很简单，结构类似 PDP-8，区别在于它的字长为 16 位，而且有两个寄存器。我们使用的语言也是汇编。

　　这个系统的每行代码都是我们自己写的，我说的是，每一行代码。我们自己写了操作系统，自己写了中断头，自己写了 IO 驱动器，自己写了磁盘文件系统，自己写了内存的交换覆盖模块，甚至自己写了重定位的链接器，所有的应用程序都是自己写的。我们持续工作了 8 个月，每周工作 70 到 80 小时，为了赶那该死的工期。当时，我的工资是每年 7200 美元。

　　系统按期交付了，之后我们便辞职了。

　　辞职很突然，我们也很不满。要知道，完成了所有工作，顺利交付了系统之后，公司才给我们涨了 2% 的薪水。我们感到受骗了，我们的劳动不受尊重。我们中的一些人另找了工作，径直辞了职。

　　我却选了一条不同，而且非常不幸的路。我和一个朋友冲进老板办公室去发泄，出来的时候还在大吵大嚷。这可真过瘾——但只过了一天的瘾。

　　第二天，我忽然发现没有工作了。我 19 岁，失业，没有学位。我面试了一些程序员的职位，但都表现得不够理想。所以我在我姐夫的割草机修理铺干了 4 个月。不幸的是，我脑子里可能缺少修理割草机的那根弦。他最后只好让我走人了，我的感觉糟透了。

　　那时候我每天凌晨 3 点才睡觉，睡觉之前的活动是吃比萨，在我父母的老式黑白电视机上看很老的恐怖电影，虽然那些电影里只有几个鬼怪可看。我睡到下午 1 点才起来，希望逃避沉闷惨淡的白天。我在本地一所社区大学学习微积分，但是考试却通不过。我真是个废物。

　　我母亲把我拉到一边说，我的生活糟透了，只有傻瓜才会没找好下家就辞职，才会这么冲动辞职，才会和同事一起闹事。她还告诉我，辞职前一定要找好下家，要非常冷静，非常沉着，不要拉上其他人。她劝我打电话给以前的老板求情。我母亲说：你要把姿态放低。

　　19 岁的人根本不知道什么是放低姿态，我也不例外。但是，现实已经撕碎了我的骄傲。最后我给老板打了电话，而且真正把姿态放得很低。结果奏效了，老板很高兴让我重新上班，给我 6800 美元的年薪，我也欣然接受。

　　我又在那里工作了 18 个月，观察自己的一举一动，尽自己努力成为一名有价值的员工。我升了职，加了薪，有了稳定的收入。生活走上了正轨。我离职时没和公司发生任何冲突，同时我已经确定了更好的去处。

　　你可能认为我从此变成熟了，就这样成了专业人士。其实并非如此。这段经历只是我需要学习的众多课程的第一课。后来，我曾经因为粗心耽误了关键日期被炒鱿鱼，因为不小心向客户泄露机密数据几乎被炒鱿鱼。我曾经领导过毫无成功希望的项目，看着它垮掉，明知需要他人帮助却无动于衷。我曾经好强地固守自己的技术决策，即便这些决策在客户的需求面前黯然失色。我曾经雇用完全不合适的人，让我的老板背上沉重的负担。最糟糕的是，因为我领导无方，其他两个人被炒了鱿鱼。

所以，请你把这本书看成我的错误大全，它记录了我干过的所有蠢事；也请你把这本书当成一份指引，靠它绕开我曾经走过的弯路。

# 第 1 章

# 专业主义

"噢,笑吧,科廷,老伙计。这是上帝,或者也可以说是命运或自然,跟我们开的一个玩笑。不过,不管这家伙是谁或是什么,他真幽默!哈哈!"

——霍华德,《碧血金沙》

这么说,你确实是想成为专业的软件工程师,对吧?你希望能昂首挺胸向世界宣告"我是专业人士",希望人们满怀尊重地看着你,充满敬意地对待你。希望母亲们会指着你告诉自己的孩子要成为像你这样的人。这些都是你想要的，对吧？

## 1.1 清楚你要什么

"专业主义"有很深的含义，它不但象征着荣誉与骄傲，而且明确意味着责任与义务。这两者密切相关，因为从你无法负责的事情上不可能获得荣誉与骄傲。

做个非专业人士可轻松多了。非专业人士不需要为自己所做的工作负责，他们大可把责任推给雇主。如果非专业人士把事情搞砸了，收拾摊子的往往是雇主；而专业人士如果犯了错，只好自己收拾残局。

如果你不小心放过了某个模块里的一个 bug，以致公司损失了 1 万美元，结果将会怎样呢？非专业人士会耸耸肩说："难免要出点儿状况嘛。"然后像没事儿人一样继续写其他模块。而专业人士会自己为公司的那 1 万美元买单[1]！

哇，自掏腰包？那可真让人心疼唉！但专业人士就必须这么做。实际上，专业主义的精髓就在于将公司利益视同个人利益。看到了吧，"专业主义"就意味着担当责任。

## 1.2 担当责任

想必你读过前面的引言了，对吧？如果没有，赶紧翻回去读一遍，因为本书将要讲的内容，都在它塑造的情境里展开。

我曾因不负责任尝尽了苦头，所以明白尽职尽责的重要意义。

那是 1979 年，当时我是一家叫 Teradyne 的公司的"负责工程师"，所负责的软件控制着一个测量电话线路质量的小型机系统和微机系统，该系统的中央小型机通过带宽为 300 波特的拨号电话线与几十台控制测量硬件的外围微机连接在一起，程序是用汇编语言编写的。

我们的客户是各大电话公司的客服经理，他们每个人都负责 10 万条甚至更多的电话线路。我的系统负责帮助这些服务区经理抢在客户之前发现各种线路故障并及时修复。这可以减少客户投诉率，以免对此做监测的公共设施委员会相应下调电话公司收取的服务费。总之，这些系统极其重要。

---

1 但愿他上了不错的错漏保险！

每天晚上，这些系统都会运行"夜间例行程序"，即中央小型机会通知外围微机对所控制的电话线路进行检测；每天早上，中央计算机就能获取故障线路清单及其故障特征。根据这些报告，各服务区经理会安排人员修复故障，这样就不会有客户投诉了。

一次，我对几十个客户推出了一版新发布。"推出"这词可真是形象啊。我把软件写在磁带上，就把这些带子"推出"给客户了。客户载入这些磁带，然后重启系统。

这一新发布修复了几个小故障，还增加了客户要求的一项新功能。之前我们曾承诺会在截止日期之前提供那项新功能。我连夜赶工，总算在约定日期前交付了磁带。

两天后，我接到现场服务经理 Tom 的电话，他告诉我已经有好几个客户投诉"夜间例行程序"没能执行完成，他们没收到任何报告。我不由心头一沉：为了按时交付软件，我没测试例行程序。我测试了系统的其他大部分功能，但测试例行程序要费好几个小时，而当时我又必须交付软件。因为故障修复部分都不涉及例行程序部分的编码，所以我也没担心会有什么不妥。

收不到夜间报告，问题可就大了。修理工们会一时无事可忙但随后又要超负荷工作，而且，有些电话客户也可能会在这期间发现故障并投诉。要是弄丢一晚的数据，某一服务区经理肯定会打电话臭骂 Tom。

我启动实验室系统，加载新软件，然后开始对"夜间例行程序"进行测试。几小时后，运行中断。例行程序运行失败！如果我在匆忙交付软件前对此进行测试，就不会发生服务区丢失数据的事了，服务区经理们这时也不会炮轰 Tom 了。

我打电话给 Tom，说我能重现问题了。Tom 告诉我其他大部分客户也已经打电话抱怨了，并问我什么时候能解决问题。我说我也没把握，但正在努力。同时我告诉他应该建议客户倒回去使用旧版软件。Tom 发火了，说那对客户来说无疑是个双重打击，因为客户不仅为此丢失了一整个晚上的数据，而且还无法使用事先承诺的新功能。

故障排查非常困难，每次测试就要好几个小时。第一次修复失败了。第二次也没能成功。我试了好几次，等我发现问题所在时，好几天已过去了。这期间，Tom 每隔几小时就打电话问我问题什么时候能解决，他还把那些服务区经理喋喋不休的抱怨如数传达给我，并一再告诉我让那些客户重新起用旧软件令他多么尴尬。

最后，我终于找出了缺陷所在，重新交付修复了问题的新程序，一切恢复正常。Tom 也平静下来，不再提这段插曲，毕竟，他不是我的上司。事后，我的老板过来对我说："你最好别再犯同样的错误。"我只能默默地点点头。

经过反省，我意识到没有对例行程序进行测试就交付软件是不负责任的。为了如期交付产品，我忽略了测试环节，整个过程中只考虑要如何保全自己的颜面，却没顾及客户和雇主的声誉。我本该早点儿担起责任，告诉 Tom 测试还未完成、自己不能按时交付产品。那么做绝非易事，Tom 一定会不高兴，但客户不会丢失数据，客服经理也不会打电话来轰炸。

# 1.3　首先，不行损害之事

那么，我们该如何承担责任呢？的确有一些原则可供参考。援引"希波克拉底誓言"或许显得有点夸张，但没有比这更好的引据了。的确，作为一名有追求有抱负的专业人士，他的首要职责与目标难道不正是尽其所能行有益之事吗？

软件开发人员能做出什么坏事呢？从纯软件角度看，他可以破坏软件的功能与架构。我们会探讨如何避免带来这些破坏。

## 1.3.1　不要破坏软件功能

显然，我们希望软件可以运行。没错，我们中的大部分人今天之所以是程序员，是因为我们曾开发出可用的软件，而且希望能再度体验那种成功创作的喜悦。但希望软件有用的不单单是我们，客户和雇主也希望它们能用。是啊，他们出钱，让我们去开发那些能按照他们意愿运行的软件。

开发的软件有 bug 会损害软件的功能。因此，要做得专业，就不能留下 bug。

"等等！"你肯定会说，"可是那是不可能的呀。软件开发太复杂了，怎么可能会没 bug 呢！"

当然，你说的没错。软件开发太复杂了，不可能没什么 bug。但很不幸，这并不能为你开脱。人体太复杂了，不可能尽知其全部，但医生仍要发誓不伤害病人。如果他们都不拿"人体的复杂性"作托词，我们又怎么能开脱自己的责任呢？

"你的意思是我们要追求完美喽？"你可能会这样抬杠吧？

不，我其实是想告诉你，要对自己的不完美负责。代码中难免会出现 bug，但这并不意味着你不用对它们负责；没人能写出完美的软件，但这并不表示你不用对不完美负责。

所谓专业人士，就是能对自己犯下的错误负责的人，哪怕那些错误实际上在所难免。所以，雄心勃勃的专业人士们，你们要练习的第一件事就是"道歉"。道歉是必要的，但还不够。你不能一而再、再而三地犯相同的错误。职业经验多了之后，你的失误率应该快速减少，甚至渐近于零。失误率永远不可能等于零，但你有责任让它无限接近零。

### 1．让 QA 找不出任何问题

因此，发布软件时，你应该确保 QA 找不出任何问题。故意发送明知有缺陷的代码，这种做法是极其不专业的。什么样的代码是有缺陷的呢？那些你没把握的代码都是！

有些家伙会把 QA 当作啄木鸟看待。他们把自己没有全盘检查过的代码发送过去，想等 QA 找出 bug 再反馈回来。没错，有些公司确实按照所发现的 bug 数来奖励测试人员，揪出的 bug 越多，奖金越多。

且不说这么做是否会大幅增加公司成本，严重损害软件，是否会破坏计划并让企业对开发小组的信心打折扣，也不去评判这么做是否等同于懒惰失职，把自己没把握的代码发送给 QA 这么做本身就是不专业的。这违背了"不行损害之事"的原则。

QA 会发现 bug 吗？可能会吧，所以，准备好道歉吧，然后反思那些 bug 是怎么逃过你的注意的，想办法防止它再次出现。

每次 QA 找出问题时，更糟糕的是用户找出问题时，你都该震惊羞愧，并决心以此为戒。

### 2．要确信代码正常运行

你怎么知道代码能否正常运行呢？很简单，测试！一遍遍地测，翻来覆去、颠来倒去地测，使出浑身解数来测！

你或许会担心这么狂测代码会占用很多时间，毕竟，你还要赶进度，要在截止日期前完工。如果不停地花时间做测试，你就没时间写别的代码了。言之有理！所以要实行自动化测试。写一些随时都能运行的单元测试，然后尽可能多地执行这些测试。

要用这些自动化单元测试去测多少代码呢？还要说吗？全部！全部都要测！

我是在建议进行百分百测试覆盖吗？不，我不是在建议，我是在要求！你写的每一行代码都要测试。完毕！

这是不是不切实际？当然不是。你写代码是因为想执行它，如果你希望代码可以执行，那你就该知道它是否可行。而要知道它是否可行，就一定要对它进行测试。

我是开源项目 FitNesse 的主要贡献者和代码提交者。在写作本书的时候，FitNesse 的代码有 6 万多行。在这 6 万行代码中有 2000 多个单元测试，超过 2.6 万行。Emma 的报告显示，这 2000 多个测试对代码的覆盖率约为 90%。

为什么只有 90% 呢？因为 Emma 会忽略一些执行的代码。我确信实际的覆盖率会比 90% 高许多。能达到 100% 吗？不，达不到，100% 只是个理想值。

但是有些代码不是很难测试吗？是的，但之所以很难测试，是因为设计时就没考虑如何测试。唯一的解决办法就是要设计易于测试的代码，最好是先写测试，再写要测的代码。

这一方法叫做测试驱动开发（TDD），我们在随后的章节里会继续谈到。

### 3. 自动化 QA

FitNesse 的整个 QA 流程即是执行单元测试和验收测试。如果这些测试通过了，我就会发布软件。这意味着我的 QA 流程大概需要 3 分钟，只要我想要，可以随时执行完整的测试流程。

没错，FitNesse 即使有 bug 也不是什么人命关天的事，也不会有人为此损失几百万美元。值得一提的是 FitNesse 用户上万，但它的 bug 列表却很短。

当然，也不排除有些系统因其任务极其关键特殊，不能只靠简短的自动化测试来判断软件是否已经足够高质量，是否可以投入使用。而且，作为开发人员，你需要有个相对迅捷可靠的机制，以此判断所写的代码可否正常工作，并且不会干扰系统的其他部分。因此，你的自动化测试至少要能够让你知道，你的系统很有可能通过 QA 的测试。

## 1.3.2 不要破坏结构

成熟的专业开发人员知道，聪明人不会为了发布新功能而破坏结构。结构良好的代码更灵活。以牺牲结构为代价，得不偿失，将来必追悔莫及。

所有软件项目的根本指导原则是，软件要易于修改。如果违背这条原则搭建僵化的结构，就破坏了构筑整个行业的经济模型。

简言之，你必须能让修改不必花太高代价就可以完成。

不幸的是，实在是已有太多的项目因结构糟糕而深陷失败的泥潭。那些曾经只要几天就能完成的任务现在需要耗费几周甚至几个月的时间。急于重新树立威望的管理层于是聘来更多的开发人员来加快项目进度，但这些开发人员只会进一步破坏结构，乱上添乱。

描述如何创建灵活可维护的结构的软件设计原则和模式[1]已经有许多了。专业的软件

---

1 [PPP2001]

开发人员会牢记这些原则和模式，并在开发软件时认真遵循。但是其中有一条实在是没几个软件开发人员会认真照做，那就是，如果你希望自己的软件灵活可变，那就应该时常修改它！

要想证明软件易于修改，唯一办法就是做些实际的修改。如果发现这些改动并不像你预想的那样简单，你便应该改进设计，使后续修改变简单。

该在什么时候做这些简单的小修改呢？随时！关注哪个模块，就对它做点简单的修改来改进结构。每次通读代码的时候，也可以不时调整一下结构。

这一策略有时也叫"无情重构"，我把它叫作"童子军训练守则"：对每个模块，每检入一次代码，就要让它比上次检出时变得更为简洁。每次读代码，都别忘了进行点滴的改善。

这完全与大多数人对软件的理解相反。他们认为对上线运行的软件不断地做修改是危险的。错！让软件保持固定不变才是危险的！如果一直不重构代码，等到最后不得不重构时，你就会发现代码已经"僵化了"。

为什么大多数开发人员不敢不断修改他的代码呢？因为他们害怕会改坏代码！为什么会有这样的担心呢？因为他们没做过测试。

话题又回到测试上来了。如果你有一套覆盖了全部代码的自动化测试，如果那套测试可以随时快速执行，那么你根本不会害怕修改代码。怎样才能证明你不怕修改代码呢？那就是，你一直在改。

专业开发人员对自己的代码和测试极有把握，他们会极其疯狂随意地做各种修改。他们敢于随心所欲修改类的名称。在通读代码时，如果发现一个冗长的方法，他们肯定会将它拆分，重新组织。他们还会把 switch 语句改为多态结构，或者将继承层次重构成一条"命令链"。简单地说，他们对待代码，就如同雕塑家对待泥巴那样，要对它进行不断的变形与塑造。

## 1.4 职业道德

职业发展是你自己的事。雇主没有义务确保你在职场能够立于不败之地，也没义务培训你，送你参加各种会议或给你买各种书籍充电。这些都是你自己的事。将自己的职业发展寄希望于雇主的软件开发人员将会很惨。

有些雇主愿意为员工买各种书籍或送员工参加各种培训课程和会议。那样挺不错的，说明他们待你不薄。但可千万别就此认为这些是雇主该做的。如果他们不为你做这些，你就该自己想办法去做。

另外，雇主也没义务给你留学习时间。有些雇主会这么做，有些甚至要求你这么做。但是还是那句话，他们待你不薄，你应该适当表示感激。因为这些优待不是你理所当然就该享有的。

雇主出了钱，你必须付出时间和精力。为了说明问题，就用一周工作 40 小时的美国标准来做参照吧。这 40 小时应该用来解决雇主的问题，而不是你自己的问题。

你应该计划每周工作 60 小时。前 40 小时是给雇主的，后 20 小时是给自己的。在这剩余的 20 小时里，你应该看书、练习、学习，或者做其他能提升职业能力的事情。

你肯定会说："那我的家庭该怎么办？还有我的生活呢？难道我就该为雇主牺牲这些吗？"

在此，我不是说要占用你全部的业余时间。我是指每周额外增加 20 小时，也就是大约每天 3 小时。如果你在午饭时间看看书，在通勤路上听听播客，花 90 分钟学一门新的语言，那么你就都能兼顾到了。

做个简单的计算吧。一周有 168 小时，给你的雇主 40 小时，为自己的职业发展留 20 小时，剩下的 108 小时再留 56 小时给睡眠，那么还剩 52 小时可做其他的事呢。

或许你不愿那么勤勉。没问题。只是那样的话你也不能自视为专业人士了，因为所谓"术业有专攻"那也是需要投入时间去追求的。

或许你会觉得工作就该在上班时完成，不该再带回家中。赞成！那 20 小时你不用为雇主工作。相反，你该为自己的职业发展工作。

有时这两者并不矛盾，而是一致的。有时你为雇主做的工作让你个人的职业发展受益匪浅，这种情况下，在那 20 小时里花点时间为雇主工作也是合理的。但别忘了，那 20 小时是为你自己的。它们将会让你成为更有价值的专业人士。

或许你会觉得这样做只会让人精力枯竭。恰恰相反，这样做其实能让你免于枯竭匮乏。假设你是因为热爱软件而成为软件开发者，渴望成为专业开发者的动力也正是来自对软件的热情，那么在那 20 小时里，就应该做能够激发、强化你热情的事。那 20 小时应该充满乐趣！

## 1.4.1　了解你的领域

你知道什么是 N-S（Nassi-Schneiderman）图表吗？如果不知道，那为什么不了解一下呢？你知道"米利型"（Mealy）和"摩尔型"（Moore）这两种状态机的差别吗？你应该知道的。你能不需查阅算法手册就可写出一个快速排序程序吗？你知道"变换分析"（Transform Analysis）这个术语的意思吗？你知道如何用数据流图进行功能分解吗？你知道"临时传递数据"（Tramp Data）的意思吗？你听说过"耦合性"（Conascence）吗？什么是 Parnas 表呢？

近 50 年来，各种观点、实践、技术、工具与术语在我们这一领域层出不穷。你对这些了解多少呢？如果想成为一名专业开发者，那你就得对其中的相当一大部分有所了解，而且要不断扩展这一知识面。

为什么要了解这些呢？这一行业发展迅速，许多旧见解似乎也已经过时了，不是吗？前半句似乎是显而易见的。确实，行业正迅猛发展，而有趣的是，从多个方面来看，这种进展都只是很浅层的。没错，我们不再需要为拿到编译结果苦等上 24 小时，我们也已经可以写出 GB 级别的系统，我们置身覆盖全球的网络之中，各种信息唾手可得。但另一方面，我们还是跟 50 年前一样，写着各种 if 和 while 语句。所以，改变说多也多，说少也少。

旧见解过时了这种说法明显是不对的。过去 50 年中产生的理念，已经过时的其实很少。有一部分理论确实在慢慢淡出，比如说"瀑布式开发"的理论确实不再流行了。但这并不表示我们不需要了解它，不需要知道它的长处和短处。

总的来说，那些在过去 50 年中来之不易的理念，绝大部分在今天仍像过去一样富有价值，甚至宝贵了。

别忘了桑塔亚纳的诅咒："不能铭记过去的人，注定要重蹈覆辙。"

下面列出了每个专业软件开发人员必须精通的事项。

❑ 设计模式。必须能描述 GOF 书中的全部 24 种模式，同时还要有 POSA 书中的多数模式的实战经验。

❑ 设计原则。必须了解 SOLID 原则，而且要深刻理解组件设计原则。

❑ 方法。必须理解 XP、Scrum、精益、看板、瀑布、结构化分析及结构化设计等。

❑ 实践。必须掌握测试驱动开发、面向对象设计、结构化编程、持续集成和结对编程。

❑ 工件。必须了解如何使用 UML 图、DFD 图、结构图、Petri 网络图、状态迁移图表、流程图和决策表。

## 1.4.2　坚持学习

软件行业的飞速改变，意味着软件开发人员必须坚持广泛学习才不至于落伍。不写代码的架构师必然遭殃，他们很快会发现自己跟不上时代了；不学习新语言的程序员同样会遭殃，他们只能眼睁睁看着软件业一路发展，把自己抛在后面；学不会新规矩和新技术的开发人员更可怜，他们只能在日渐沦落的时候看着身边人越发优秀。

你会找那些已经不看医学期刊的医生看病吗？你会聘请那些不了解最新税法和判例的税务律师吗？雇主们干吗要聘用那些不能与时俱进的开发人员呢？

读书，看相关文章，关注博客和微博，参加技术大会，访问用户群，多参与读书与学习小组。不懂就学，不要畏难。如果你是.NET 程序员，就去学学 Java；如果你是 Java 程序员，就去学学 Ruby；如果你是 C 语言程序员，就去学学 Lisp；如果你真想练练脑子，就去学学 Prolog 和 Forth 吧！

## 1.4.3　练习

业精于勤。真正的专业人士往往勤学苦干，以求得自身技能的纯熟精炼。只完成日常工作是不足以称为练习的，那只能算是种执行性质的操作，而不是练习。练习，指的是在日常工作之余专门练习技能，以期自我提升。

对软件开发人员来说，有什么可以用以操练的呢？乍一听，这概念显得荒唐。但是再仔细想一会儿，想想音乐家是如何掌握演练技能的。他们靠的不是表演，而是练习。他们又是如何练习的呢？首先，表演之前，都需要经历过特别的训练，音阶、练习曲、不断演奏等。他们一遍又一遍地训练自己的手指和意识，保持技巧纯熟。

那么软件开发者该怎样来不断训练自己呢？本书会用一整章的篇幅来谈论各种练习技巧，所以在此先不赘述了。简单说，我常用的一个技巧是重复做一些简单的练习，如"保龄球游戏"或"素数筛选"，我把这些练习叫作"卡塔"（kata）[1]。卡塔有很多类型。

卡塔的形式往往是一个有待解决的简单编程问题，比如编写计算拆分某个整数的素数因子等。练卡塔的目的不是找出解决方法（你已经知道方法了），而是训练你的手指和大脑。

---

1 kata，这个词目前还没有公认的译法，可以理解为"套路"，或者某种固定的"形"。——译者注

每天我都会练一两个卡塔，时间往往安排在正式投入工作之前。我可能会选用 Java、Ruby、Clojure 或其他我希望保持纯熟的语言来练习。我会用卡塔来培养某种专门的技能，比如让我的手指习惯点击快捷键或习惯使用某些重构技法等。

不妨早晚都来个 10 分钟的卡塔吧，把它当作热身练习或者静心过程。

## 1.4.4 合作

学习的第二个最佳方法是与他人合作。专业软件开发人员往往会更加努力地尝试与他人一起编程、一起练习、一起设计、一起计划，这样他们可以从彼此身上学到很多东西，而且能在更短的时间内更高质量地完成更多工作。

并不是让你花全部时间一直和别人共事。独处的时间也很重要。虽然我很喜欢和别人一起编程，但是如果不能经常独处，我也一样会发疯。

## 1.4.5 辅导

俗话说：教学相长。想迅速牢固地掌握某些事实和观念，最好的办法就是与你负责指导的人交流这些内容。这样，传道授业的同时，导师也会从中受益。

同样，让新人融入团队的最好办法是和他们坐到一起，向他们传授工作要诀。专业人士会视辅导新人为己任，他们不会放任未经辅导的新手恣意妄为。

## 1.4.6 了解业务领域

每位专业软件开发人员都有义务了解自己开发的解决方案所对应的业务领域。如果编写财务系统，你就应该对财务领域有所了解；如果编写旅游应用程序，那么你需要去了解旅游业。你未必需要成为该领域的专家，但你仍需要用功，付出相当的努力来认识业务领域。

开始一个新领域的项目时，应当读一两本该领域相关的书，要就该领域的基础架构与基本知识作客户和用户访谈，还应当花时间和业内专家交流，了解他们的原则与价值观念。

最糟糕、最不专业的做法是，简单按照规格说明来编写代码，但却对为什么那些业务需要那样的规格定义不求甚解。相反，你应该对这一领域有所了解，能辨别、质疑规格说明书中的错误。

## 1.4.7   与雇主/客户保持一致

雇主的问题就是你的问题。你必须弄明白这些问题，并寻求最佳的解决方案。每次开发系统，都应该站在雇主的角度来思考，确保开发的功能真正能满足雇主的需要。

开发人员之间互相认同是容易的，但把一方换成雇主，人们就容易产生"彼""此"之分。专业人士会尽全力避免这样的狭隘之见。

## 1.4.8   谦逊

编程是一种创造性活动。写代码是无中生有的创造过程，我们大胆地从混沌之中创建秩序。我们自信地发布准确无误的指令，稍有差错，机器的错误行为就可能造成无法估量的损失。因此，编程也是极其自负的行为。

专业人士知道自己自负，不会故作谦逊。他们熟知自己的工作，并引以为荣；他们对自己的能力充满自信，并因此勇于承担有把握的风险。专业人士不是胆小鬼。

然而，专业人士也知道自己会摔跟头，自己的风险评估也有出错的时候，自己也有力不从心的时候。这时候，如果他们照照镜子，会看到那个自负的傻瓜正对着自己笑。

因此，在发现自己成为笑柄时，专业人士会第一个发笑。他从不会嘲讽别人，自作自受时他会接受别人的嘲讽。反之，他则会一笑了之。他不会因别人犯错就对之横加贬损，因为他知道，自己有可能就是下一个犯错的人。

专业人士都清楚自己的自负，也知道上天会注意到这种自负，并加以惩戒。如若果真遭遇挫折，最好的办法就是按照霍华德说的——一笑了之吧！

## 1.5   参考文献

[PPP2001]：Robert C. Martin, *Principles, Patterns, and Practices of Agile Software Development*, Upper Saddle River, NJ: Prentice Hall, 2002.

# 第**2**章

# 说 "不"

"能就是能，不能就是不能。不要说'试试看'。"

——尤达

在 20 世纪 70 年代初，我和两位 19 岁的朋友在一家名叫 ASC 的公司工作，为芝加哥卡车司机工会开发实时会计系统。如果你马上想到 Jimmy Hoffa[1]这样的名字，那也是很自然的，1971 年那会儿，没人敢跟卡车司机工会的兄弟们捣乱。

我们的系统预期应在某个日子前上线，是的，那一天可事关一大笔钱。为了能按时交付系统，我们的团队加班加点，每周工作 60、70 甚至是 80 小时，好几周接连如此。

上线前一周，我们终于将系统完整搭起来了，不过还有很多待解决的 bug 和问题，我们

---

1 Jimmy Hoffa，国际卡车司机协会组织者，1958—1971 年任协会主席。1964 年，他在协会中成功捍卫了卡车司机在国家定税中的利益，国际卡车协会最终发展成了全美最大的工会。

按清单疯狂地进行排查解决。当时大家几乎连吃睡都顾不上了,更别提有什么单独思考的时间了。

ASC 的经理 Frank 是一位退役的空军上校。他是那种会直冲着你咆哮的经理。这是他的行事风格,或者说是惯用手段吧。他会不给降落伞就直接将你从 3 km 的高空扔下去,迫使你按着他的指令办事。我们这些 19 岁的小年轻当时根本不敢看他的眼睛。

Frank 命令我们必须按期完工。就那么定了。到期交货。完毕。不容置喙。然后拂袖而去!

我的直属上司 Bill 人挺不错。他已经和 Frank 共事了好些年头,知道 Frank 是什么样的人。他告诉我们,不管如何都必须按期上线。

因此,那天我们就把系统上线了。事实证明,那简直是个悲剧。

我们的机器放在离卡车司机工会芝加哥总部 50 km 以北的郊区,中间通过十几个 300 波特的半双工终端连接。这些终端差不多每半小时就会锁住一次。上线之前我们已经碰到过这个问题,但没有模拟过工会的数据录入员们往系统里猛灌数据时产生的大数据流情况。

更糟糕的是,通过 110 波特的电话线连接到我们的系统的 ASR35 电传打字机,在单据打印到一半时可能罢工。

要解决打印中止的故障,需要重启系统。因此,客户只得让那些终端还能运行的人赶紧完成手头的工作,然后停下来。等大家都停下来后,他们让我们重启系统。此后,那些打印被中止的人又只好再重头来过。这种状况每小时都会发生,而且不止一次。

就这样折腾了半天,卡车司机工会的办公室经理要我们关掉系统。他告诉我们,除非系统能正常工作,否则就不要再启动了。在这过程中,他们白费了大半天的工夫,最后不得不在旧系统上再重新录入一遍。

Frank 大发雷霆,整栋大楼都能听到他的咆哮声,久久不散。于是 Bill 和我们的系统分析师 Jalil 过来问我们,什么时候才能让系统稳定下来。我说:"4 周。"

他们吓坏了,转而一脸决绝地说:"不行,在周五之前必须让系统跑起来!"

"要知道,我们上周才勉强让系统跑起来。我们需要时间把问题解决干净,让系统稳定下来。4 周不够。"我答道。

但是 Bill 和 Jalil 也很顽固:"不行,一定要在周五前。你们至少也该试一试吧?"

我们的组长于是说:"好吧,我们试试看吧。"

周五这个点选得不错,周末的系统负载比工作日的会小很多,这样在周一之前我们还可以发现更多问题并解决。尽管如此，情况还是很不乐观，险象环生，打印中止的故障每天仍会发生一两次，此外还有其他问题也暴露出来了。慢慢地又过了几周，对系统问题的抱怨终于逐渐消停下来，似乎一切回复正轨了。

不过随后我们就都辞职不干了，这点我在前面的介绍部分也已经提到过。而他们还未真正摆脱危机，于是不得不另外招了一批程序员来应付客户那边不断涌来的问题。

谁应该为这场灾难负责呢？显然，Frank 的处事风格有问题，他对别人的威迫感妨碍了他自己听到事情的真相。当然，Bill 和 Jalil 本该更努力地阻止 Frank 的决定，我们的组长也不该屈从于周五完工的指令，而我也本该继续说“不”，而不是乖乖站到组长那边去。

专业人士敢于说明真相而不屈从于权势。专业人士有勇气对他们的经理说“不”。

你怎么能对自己的老板说“不”呢？毕竟，他们可是你的老板啊！难道不该照你老板说的去做吗？

不应该照做。只要你是一名专业人士，那就不应该照做。

奴隶没有权利说“不”。劳工或许也对说“不”有所顾虑。但是专业人士应该懂得说“不”。事实上，优秀的经理人对于敢于说“不”的人，总是求贤若渴。因为只有敢于说“不”，才能真正做成一些事情。

# 2.1  对抗角色

本书的某位审校者很讨厌这一章，他说自己差点因为本章而丢下这本书。在他组建过的团队中，从未出现过对抗关系。整个团队总是能和谐共事，没发生过什么矛盾。

我为他感到高兴，但是我怀疑他的那些团队是否真像他自己以为的那样毫无矛盾。如果真是如此，我很怀疑那些组员是否真能够有效工作。我的个人经验告诉自己，面对艰难决定，直面不同角色的冲突是最好的办法。

每位经理都承担着工作职责，绝大部分经理也知道该如何尽职尽责。其中一部分的工作职责，便是要竭尽所能追求和捍卫他们设定的目标。

同样，程序员也自有其工作职责所在，绝大多数程序员也知道该如何出色地尽职尽责。如果他们是专业程序员的话，他们也会竭尽所能地去追求和捍卫自身的目标。

你的经理要求你在明天之前完成登录页面，这就是他在追求和捍卫的一个目标，那是尽他的工作职责。如果你明知第二天之前不可能完成登录页面，嘴上却说“好的，我会试试的”，那么便是你失职了。这时候,尽职的唯一选择是说"不,这不可能"。

可是难道你不该照经理说的话去做?当然不该,你的经理指望的是,你能像他那样竭尽所能地捍卫自己的目标。这样你们俩才能得到可能的最好结果。

可能的最好结果,是你和你的经理共同追求的目标。最关键的是要找到那个共同目标,而这往往有赖于协商。

协商过程有时可以相当愉快。

Mike:"Paula,你在明天之前要完成那个登录页面。"

Paula:"噢,喔!要那么快啊?那好吧,我会尽量试试。"

Mike:"好极了!谢谢!"

这是段轻松的小对话。没有任何冲突。双方都微笑着离开。一派和谐。

但是双方表现得都不够专业。完成"登录页面"所需时间绝不止一天,Paula 对此心知肚明,她这么回答无异于撒谎。她或许不觉得这是什么谎言。或许她觉得自己真的会去努力尝试,而且或许她真对按时完成抱着些微薄的希望。但到最后,这仍只会是个谎言。

另一方面,Mike 把"我会尽量试试"当作了"好的,没问题"。这无异于自欺欺人。他本该明白那只是 Paula 在尽量避免和他产生正面冲突,因此他应该进一步确认:"你看起来有些犹豫。你确信明天能完成吗?"

下面是另一个轻松愉快的对话。

Mike:"Paula,你在明天之前要完成那个登录页面。"

Paula:"噢,抱歉 Mike,这么短时间完成不了的。"

Mike:"那你觉得什么时候能完成呢?"

Paula:"再过两周怎么样?"

Mike:(在他的本子上记了几笔)"好的,谢谢。"

这样对话确实轻松,但其中的问题也很严重,大家表现得极不专业。双方都没尝试寻求最佳的可能结果。Paula 不该问两周是否可以,而应该更坚定地说:"Mike,这个活需要两周才能完成。"

另一方面,Mike 毫无异议就接受了这个日期,仿佛他自己的目标无关紧要似的。这也不免让人猜想他是不是会直接向老板报告——由于 Paula 的原因,客户的 demo 将不得不推迟。

这种消极对抗的做法应该受到谴责。

在这些例子中，双方均未尝试寻求可接受的共同目标。双方均未努力寻求最佳的可能结果。我们再来看下面的这个对话。

Mike："Paula，你在明天之前要完成那个登录页面。"

Paula："不，Mike，这个活要两周才能完成。"

Mike："两周？架构师估计这只要 3 天，而你已经花了 5 天时间了！"

Paula："架构师们错了，Mike。他们是在接到产品销售需求前做的预估。我至少还需要 10 天才能做完。你没看到我在 wiki 上更新的预估吗？"

Mike：（表情严肃、沮丧得发抖）"Paula，这可不行。客户明天就要来看 demo 了，我必须向他们展示个能用的登录页面。"

Paula："明天你需要登录页面的哪部分能用？"

Mike："我要整个登录页面！必须要能登录。"

Paula："Mike，我可以给你做一个能登录的假页面。这个现在就已经可以。但是页面不会检查用户名和密码。如果你把密码忘记了，也还没办法发邮件告诉你。页面顶部也还不能像时代广场的大屏幕那样有新闻栏在滚动，帮助按钮和浮出说明都还不能用，它没法为你保存 cookie 以便下次登录，也不会设定任何权限限制。但你确实可以登录。你看这样可以吗？"

Mike："我可以登录？"

Paula："是的，可以登录。"

Mike："好极了，Paula，你真是个大救星。"（松了口气，说了声"太棒了！"，走开了。）

在这个例子里，他们达成了最佳的可能结果。他们各表异议相互说"不"，然后找到了双方都能接受的解决方案。他们的表现是专业的。对话中虽稍有冲突，也有片刻不愉快发生，但如果双方坚持追求的目标不能完美切合时，这是比较理想的情况。

## "为什么"重要吗

或许你觉得 Paula 应该解释下为什么"登录页面"还要花那么长时间才能完成。我的经验是，"为什么"远不如"事实"重要。事实是，"登录页面"还需要两周才能完成。而为什么需要两周，则只是个细节。

尽管这样，知道"为什么"可能还是会有助 Mike 了解并接受事实。那是最好不过的了。如果 Mike 恰好有技术背景和好脾气去倾听理解，这些解释也许会有用。另一种情况则是，Mike 可能会不认同 Paula 的结论，他可能会觉得 Paula 的做法不对，他可能会告诉她不用做完整的测试和代码审查，或者可以把第 12 步省略掉，诸如此类。有时候，提供太多细节，只会招致更多的微观管理。

## 2.2   高风险时刻

最要说"不"的是那些高风险的关键时刻。越是关键时刻，"不"字就越具价值。

这一点应该不证自明。当公司存亡成败皆系于此时，你必须尽己所能，把最好的信息传递给你的经理。这往往意味着要说"不"。

Don（开发总监）："因此，当前我们对金鹅项目完成日期的预估是，从今天起算的 12 周时间，再加上 5 周左右的上下浮动时间。"

Charles（首席执行官）：（涨红脸坐在那儿，双眼圆睁，足有 15 秒钟）"你是要告诉我只能干坐 17 周才能等来产品交付吗？"

Don："是的，是有这种可能。"

Charles：（站了起来，Don 慢一秒也站了起来）"该死，Don！这项目本该三周前就完成的！Galitron 每天都打电话问我他们那该死的系统在哪！我可不能告诉他们还要再多等 4 个月！你必须得加把劲！"

Don："Chuck，我三个月前就告诉过你了，由于经历了几番裁员，我们还需要 4 个月才能完成这个项目。要知道，老天，Chuck，你可把我五分之一的员工都裁了啊！难道那时候你没告诉 Galitron 我们的项目会延期吗？"

Charles："见鬼，你当然知道我没那么告诉他！我们可丢不起那笔订单啊，Don。（Charles 停顿了下，他的脸开始发白。）丢了 Galitron 这样的客户，我们可真就玩完了。这点你可是很清楚的，对吧？现在出现这样的延期，我恐怕……我该怎么跟董事会说呢？（他慢慢又坐回位置上，以免自己崩溃。）Don，你必须得再加把劲啊！"

Don："Chuck，我无能为力，这个我们已经说得很透了。Galitron 不会缩减范围的，他们也不会接受任何权宜一时的发布的。他们要一次性安装搞定。我没法再快了。不可能做到更快了。"

Charles："该死！我猜，哪怕我说你的饭碗快不保了也没什么用了。"

Don："炒了我也没法改变进度预估，Charles。"

Charles："不扯了，先这样吧。你先回去，让项目跑着。我还有好几通令人头痛的电话要打。"

当然，3 个月前，刚了解到新的预估结果时，Charles 就该跟 Galitron 说明情况。不过，至少现在他做了件对事，那就是打电话给他们（以及董事会）。但如果 Don 没有坚持己见，这些电话或许还要拖延得更久。

## 2.3　要有团队精神

我们都听说过具备"团队精神"是多么重要。具备团队精神，意味着恪尽职守，意味着当其他队员遭遇困境时你要援手相助。有团队精神的人会频繁与大家交流，会关心队友，会竭力做到尽职尽责。

有团队精神的人不会总是说"是"。看一下这幅情景。

Paula："Mike，那个项目的进度预估是这样的：项目组确认我们将在大约 8 周后提交 demo，也可能会提前或者拖后 1 周。"

Mike："Paula，这个 demo 的进度安排已经定了，从现在开始，还有 6 周交付。"

Paula："也不事先问问我们吗？Mike，拜托，你可不能那样压我们。"

Mike："已经这么定了。"

Paula：（叹气）"这样吧，我先回项目组看看六周之后有把握交付些什么，但绝不可能会是整个系统。有些功能肯定还不能用，数据加载也不会是完整的功能。"

Mike："Paula，客户想见到的可是完整的 demo。"

Paula："这办不到，Mike。"

Mike："该死。好吧，找到最好的方案，然后明天告诉我。"

Paula："这我倒能做到。"

Mike："难道你就没什么办法能够按 6 周完成吗？或许还有别的更聪明更有效的方法。"

Paula："我们都已经竭尽全力了，Mike。在这个问题上我们已经尽很大努力了，交付日期肯定是在 8 或者 9 周之后，而不是 6 周。"

Mike："你们可以加班呀。"

Paula："那只会影响进度，Mike。还记得上次我们强制加班，结果搞得一团糟的事情吗？"

Mike："记得，但是这次未必也会这样啊。"

Paula："如果硬来，一定还会重蹈覆辙的，Mike。相信我。这个任务需要 8 到 9 周时间，不是 6 周。"

Mike："好吧，拿出你的最佳方案来，但要继续想想怎样能够做到 6 周内完工。我知道你们会找到办法的。"

Paula："不，Mike，我们别无他法。我会给你看一个 6 周的方案，但是很多功能和数据都不会包括在内。只能做到这样。"

Mike："好吧，Paula，不过我敢肯定如果伙计们愿意努力试试的话，一定能有转机的。"

（Paula 摇摇头走开了。）

晚些时候，在总监召集的业务策略会议上……

Don："好了，Mike，你知道的，客户 6 周后就会过来看 demo。他们期望看到一切都已就绪。"

Mike："明白，我们会准备好的。我的团队正为此全力以赴，我们会按时完成的。我们有时还会加加班，再多想想各种办法，总之，我们会保证完成任务的！"

Don："很好，你和你的团队都很有团队精神。"

这个故事场景里，谁真正具备团队精神呢？Paula 是真正为团队努力的人，她根据自己最好的能力状况，明确说明了哪些是做得到的事、哪些是做不到的事。即使 Mike 连哄带骗，她仍坚守自己的立场。Mike 是个自行其是的人，他只考虑一己之利。他跟 Paula 显然不是一个团队的，因为他一个劲儿地让 Paula 去完成那些她已明确表示无法完成的任务。他跟 Don 也不是一个团队的（尽管他自己不会认同），因为他在会上满口谎话。

那么 Mike 为什么要这么做呢？他希望 Don 能认可他的团队精神，他也相信自己的软硬兼施能够操控 Paula 努力在 6 周内赶上最后期限。Mike 并不是什么恶魔，他只是自信过头，以为自己一定能让别人照他想的去做。

### 2.3.1 试试看

面对 Mike 的施压，Paula 的最糟回应是"好的，我们会试试看。"在此我也不想引述尤达大师的话，但是他的话在这里很贴切。是的，没有"试试看"这回事。

或许你不这么认为吧？或许你觉得"尝试"是种积极的举动。毕竟，如果哥伦布不去尝试，他又怎么可能发现美洲大陆呢？

"尝试"一词有许多定义。在此，我的意思是"付出额外的精力"。Paula 还能付出什么余力来做到 6 周内交付呢？如果还有余力可施的话，那么也就意味着她和她的团队此前并未尽全力。他们此前一定是有所保留[1]。

许诺"尝试"，就意味着你承认自己之前未尽全力，承认自己还有余力可施。许诺"尝试"，意味着只要你再加把劲还是可以达成目标的；而且，这也是一种表示你将再接再厉去实现目标的承诺。因此，只要你许诺自己会去"尝试"，你其实是在承诺你会确保成功。这样，压力就要由你自己来扛了。如果你的"尝试"没有达成预期的结果，那就表示你失败了。

你之前是否有所保留未尽全力呢？如果用掉这些预留的精力，你能完成目标吗？抑或，在做出尝试的承诺时，你其实根本就是在自寻失败？

如果承诺尝试，你其实也在承诺将改变自己原来的方案。你是在承认原来的方案中存在不足。如果承诺尝试，你其实是在告诉他们，你有新方案。新方案是什么？你将对自己的行为做出哪些改变？你说你在"尝试"，那么你的做法将会有何不同？

如果你既没有新方案，又不准备改变自己的行为，如果事事仍然都按你承诺"尝试"之前的方法去做，那么，所谓的"尝试"指的又是什么呢？

如果你此前并未有所保留，如果你没有新方案，如果你不会改变你的行为，如果你对自己原先的估计有充分的自信，那么，从本质上讲，承诺"尝试"就是一种不诚实的表现。你在说谎。你这么做的原因，可能是为了护住面子和避免冲突。

Paula 的做法要好很多。她一再提醒 Mike，项目组的预估并不太确定，她总是说"8 或 9 周"。她强调其中的不确定性，并且绝不退让。她从未表示可能还有余力可施，或是有什么新方案，或者可以通过一些行为改变来减少不确定性。

3 周后……

Mike："Paula，三周后就要交 demo 了，现在客户又提出需要支持'文件上传'功能。"

Paula："Mike，那可不在我们约定的功能列表上啊。"

---

1　正如华纳卡通明星来亨鸡福亨所言："我总把我的羽毛留起一部分到这种危急时刻用。"

Mike: "我知道，可他们现在提出这个需求了。"

Paula: "好吧，那样的话，就要去掉 demo 上'单点登录'或'备份'的功能。"

Mike: "当然不行！那些功能他们也希望要的啊！"

Paula: "就是说，他们希望看到每个功能都可以用喽。你是这个意思吗？我告诉过你了，这不可能。"

Mike: "抱歉 Paula，但是客户不会让步的。他们要看到一切功能就绪。"

Paula: "这不可能，Mike，这办不到。"

Mike: "拜托 Paula，你们至少可以试试吧？"

Paula: "Mike，我愿意尝试'浮空术'，愿意尝试'点金术'，或是尝试游泳横渡大西洋。但是你觉得我会成功吗？"

Mike: "你这样就不可理喻了。我可没有让你去做那些不可能的事啊。"

Paula: "有，Mike，现在就是啊。"

（Mike 假笑着，点点头，准备转身离开。）

Mike: "我对你有信心，Paula；我知道你不会让我失望的。"

Paula: （对着 Mike 的背影说）"Mike，你这是在做梦。这样做结果不会好看的。"

（Mike 只是挥了挥手，没有转身。）

## 2.3.2 消极对抗

Paula 做了个有趣的决定。她猜 Mike 不会把她的预估结果告诉 Don。她可以任由 Mike 走向悬崖，她可以确保各种相关谈话记录在档。这样一来，当灾难降临时，她可以证明自己在某时某刻给过 Mike 什么建议。这是一种消极对抗。她如果这样做，就是任由 Mike 走上绝路。

另一种做法是，她也可以通过和 Don 直接交流来阻止灾难发生。这么做的确有风险，但这也真正体现了团队精神的全部内涵。如果一列载货列车向大家冲来，而只有你一人有所察觉，你可以轻轻抽身退到轨道外，眼看其他人被车碾过，也可以大喊："车！车来了！快离开！"

两天后……

Paula：“Mike，你告诉过 Don 我的预估结果了吗？他有没有告诉客户'文件上传'功能不包括在 demo 里面？"

Mike："Paula，你说过你会为我解决这个问题的。"

Paula："不，Mike，我没这么说。我告诉过你这不可能。这是那次谈话后我发给你的备忘副本。"

Mike："好吧，但是当时你说会试试的，对吗？"

Paula："这个我们那时已经谈过的，Mike。我们还说到点金术啊什么的，难道你忘了吗？"

Mike：（叹气）"好了，Paula，你就按我的要求做吧，你必须做到。拜托尽一切力量去做，务必为我做成这事。"

Paula："Mike，你错了。我不需要为你做成这事。要是你不告诉 Don，我就自己去告诉他。"

Mike："那你就越级了，你不会那样做的！"

Paula："我也不愿意那样，Mike，但你如果逼我，我也只好不得已而为之了。"

Mike："噢，Paula……"

Paula："听着，Mike，那些功能在演示时是没法完成的。这点拜托你记住。不要再试图说服我再试试看再努力努力之类的。也不用欺骗自己，我不是魔术师，我不会变戏法。面对现实吧，你必须把事情告诉 Don，而且你最好今天就告诉他。"

Mike：（睁大了眼睛）"今天？"

Paula："是的，Mike，就今天。因为我打算明天和你还有 Don 开个会，就 demo 将包括哪些功能讨论清楚。如果明天这会开不成的话，那迫不得已，我只好自己去找 Don 了。这个备忘副本要说明的就是那些事。"

Mike："你这是明哲保身！"

Paula："Mike，我这是为了顾全大局。如果客户来了，期望看到完整的 demo，可我们却交不出来，你能想象这是怎样的灾难吗？"

Paula 和 Mike 之间最终如何结局？这里我就留白让读者自己去想象各种可能吧。要点是，Paula 在其中的表现非常专业，她在所有恰当时机用恰当的方式说了"不"字。她在被施压修改进度预估时说"不"，在对方软硬兼施、连哄带求时仍坚持说"不"。最重要的是，她对 Mike 的自欺欺人和不作为也大胆说"不"。Paula 的这些举动都是出于团队整体的考虑，

Mike 需要帮助，而她确实也竭尽所能来帮他。

# 2.4    说 "是" 的成本

大多数时间，我们都希望能够说 "是"。确实，健康的团队都会努力寻求给他人以肯定的答复。运作良好的团队的经理和开发人员，会相互协商，直至达成共同认可的行动方案。

但我们刚才已经看到，有时候，获取正确决策的唯一途径，便是勇敢无畏地说出 "不" 字。

下面来看看 John Blanco 在他的博客上发布的故事。这篇博文已获准转载在此。阅读故事时，你不妨问问自己该在何时以及该怎样说 "不"。

**有可能写出好代码吗**

十几岁时，你就立志要成为一名软件工程师。高中时，你开始学习如何按照面向对象原则来编写软件；高中毕业，上了大学，你开始把学到的各种原理应用到诸如人工智能、3D 图形等领域。

当大学毕业进入专业圈子时，你更是孜孜不倦地开始探求如何写出具有商业品质、可维护并且经得起时间考验的 "完美" 代码。

商业品质。呵呵，这个说法有点意思。

我自认是个幸运儿。我酷爱设计模式。我喜欢研究和编写完美代码相关的理论。我可以毫不费劲地和我的 XP 伙伴站着讨论一个多小时，为了说明他选择了继承层次的设计是错误的，因为大多数情况下，选用 "组合" 比 "继承" 要好。但最近有件事令我十分困扰，我在想：

在现代软件开发中，有可能写出好代码吗？

**一个典型的招标项目**

身为全职签约（和兼职）开发者，我白天（当然也包括晚上）一直为客户开发移动应用程序。多年的从业经验让我渐渐明白，是客户需求阻碍我写出自己想要的真正高品质的应用程序。

在开始之前，我想先说明，那不是因为努力不够的原因。我喜欢整洁代码这一提法。我也还没见过有谁像我一样疯狂追求完美的软件设计。但是那些业务经理总是令人捉摸不透，你会发现自己总是猜错。

下面我先来讲个故事。

去年快年底的时候，一家相当知名的公司放出了一个应用开发标书。那是一家大型零售商，为了匿名，我们姑且叫它"大猩猩卖场"吧。他们表示需要找人开发一个 iPhone 应用，而且希望能够在"黑色星期五"[1]前发布应用。挑战在于当时已经是 11 月 1 日了！这意味着只剩下四周不到的开发时间了。噢，而且苹果公司还需要两周时间去审批该应用。（啊，真让人怀念过去的美好时光啊。）也就是说，等等，我的天，这个应用的开发时间只有……两周？！？！

没错，我们有两周时间写这个应用。而且，不幸的是，我们已经竞标成功（商业上，客户重要性不容小觑）。也就是说，开发任务只能成功不能失败。

"不会有问题的，"猩猩卖场的经理甲说："这个应用很简单。只要为用户显示我们产品目录上的一些产品，并让他们可以搜索到我们门店的地址就可以了。我们的网站上已经有这样功能。我们还会提供图片给你。或许你可以，唔，那个词怎么说来着——噢，对了——硬编码就行了！"

猩猩卖场的经理乙插话进来："我们只需要应用能够显示一些用户在收银台付款时可以出示的优惠券就可以。这只是个"应急"的试水应用。我们只要先推出就可以，在项目二期时，我们会从头做个更大更好的出来。"

事情就这么开始了。尽管多年来我时常提醒自己——客户所要的任何一项功能，一旦写起来，总是远比它开始时所说的要复杂许多，但最终你还是会接下这些活。我居然天真地相信自己真的能在两周内完成开发。是的！我们能搞定！这次与以往不同！只是简单的图片展示，以及通过服务调用获取门店地址而已。XML 就行！不用费力。我们能搞定！我都摩拳擦掌跃跃欲试了！马上开工吧！

只过了一天时间，就再次领教到那被忽视的现实了。

我：嗯，您能给我调用门店地址 web service 所需的相关信息吗？

客户：什么是 web service？

我：……

事情真的就是那样。他们的"门店位置"服务，虽然刚好可以在他们网站的右上角找到，但却不是网页服务。那是由 Java 代码生成的，里头用了一个 API。并且，这个 API 是由猩猩卖场的战略伙伴提供的。

来说说这个邪恶的所谓"第三方"。

---

1 这里的黑色星期五是指感恩节后的年底大促销，美国的商场一般以红笔记录赤字，以黑笔记录盈利，而感恩节后的这个星期五人们疯狂的抢购使得商场利润大增，因此被商家们称作"黑色星期五"。——译者注

从使用 API 的客户端来看，"第三方"就好比是"性感女神"安吉丽娜·朱莉。不错，有人会允诺，你能与她一边优雅进餐一边惬意交谈，甚至有可能此后把关系更进一步……很抱歉，那是不可能的。幻想归幻想，你终归还得靠自己来打理业务。

在这个案子中，翻箱倒柜之后，我最终从猩猩卖场那儿拿到的唯一的东西，就是一个包含他们现有门店列表快照的 Excel 文件。至于门店位置的搜索代码，我不得不从头写起。

祸不单行，那天晚些时候，麻烦又来了：他们希望能够在线发布产品和优惠券的数据，这样他们就可以做到每周更新了。这可真得只好来硬编码了啊！原本两周要写个 iPhone 应用程序的任务，现在已变成两周写一个 iPhone 应用、一个 PHP 后端，然后还要将它们整合在一起……什么？他们还要我处理 QA？！

为了抵消这些额外任务的时耗影响，代码只能写得再快些了。忘记那个什么"抽象工厂"吧。用长长的 for 循环代替"组合"吧，没时间了！

已经不可能写出好代码了。

## 赶工的两周

告诉你吧，那两周相当痛苦。首先，与我下一个项目有关的全天会议占去了其中两天（留给猩猩卖场项目的时间越发短了）。到最后，事实上我只有 8 天时间去完成项目。第一周我工作了 74 小时，第二周……噢，天啊！简直不堪回首！我都想不起来了，仿佛那段记忆已从我脑海里被抹去了。这或许倒算是件好事。

那 8 天，我使尽浑身解数，用尽所有可能的工具狂写代码：复制粘贴（你懂的，可复用代码）、魔法数字（要避免重复定义常量——呼哧呼哧！——后面只好重打一遍），单元测试当然就免了！（都到这节骨眼儿了，谁还用得上那些红条条啊，那只能让我更加泄气！）

那代码真的相当糟糕，而我根本没时间重构。考虑到项目时间如此之短，这样的成果也算是相当不错了。再说了，那毕竟是"应急"的代码嘛，对吧？这些话是不是听着有些耳熟？好吧，先等一下，事情有转机了。

就在我给这个应用程序加最后几笔时（最后几笔是完成服务器代码的编写），我开始浏览代码库并思考这一切是否值得。应用毕竟写完了。我躲过此劫！

"嗨，我们刚刚聘请了 Bob，他很忙，还没法打电话过来，但他说我们应该要求客户在获取优惠券前先提供他们的电邮信息。他还没见过这个应用，但他觉得这是个好主意！我们还需要一个报告系统，方便我们从服务器上调取那些电邮。这种方法可谓物美价廉（等下，最后那句是英国六人喜剧团"蒙提·派森"式的）。说到优惠券，在我们规定日期的几天之后就应该过期。噢，还有……"

我们先退回去说点别的吧。我们理解的好代码应该是什么样的呢？好代码应该可扩展，易于维护，应该易于修改，读起来应该有散文的韵味……不，我这写的算哪门子好代码。

　　还有，如果你要成为更好的开发人员，一定要时刻牢记这点：客户总会把项目截止日期往后拖延。他们总是想要更多的功能，他们总是提出需求变更——而且常在最后关头这么做。下面的公式可供参考：

　　（经理人数）的平方

　　+2×（新经理人数）

　　+Bob 的孩子数

　　= 最后时刻增加的天数

　　照我看，这些经理都是规矩体面的家伙。他们都要养家糊口（假设魔鬼撒旦都已经批准他们成立家庭的话），他们希望新应用能够成功（关乎晋升呢）。关键问题是，他们都希望项目发布后自己能直接邀功。他们希望一切停当之后，自己可以指着某项功能或设计说那是自己的点子。

　　回到这个故事上来，我们的项目又往后多加了几天时间来添加电邮功能。然后我就累垮了。

### 客户永远不会像你那么在乎

　　尽管客户一再声明交付日期很重要，尽管他们对此表现得似乎非常迫切，但他们永远不会像你那样在乎应用程序的按时交付。那天下午，我宣告应用程序开发完毕，把最终构建版本通过电邮发给所有相关人员，主管们（嘘！）、经理们，一千人等。"搞定了！我给你们带来V1.0 版啦！谢天谢地，我称颂您的美名。"我点了"发送"按钮，仰靠在椅子上，开始自鸣得意地笑着想象大家会如何把我抬到肩上，冠我以"史上最伟大的开发人员"的美名，列队走过第 42 大街……至少，我的形象将会出现在他们的各种广告上，对吧？

　　有意思的是，他们似乎对此不以为意。事实上，我有点捉摸不透他们在想些什么。我没听到任何反响。一丁点儿也没有。原来，猩猩卖场的那些家伙已经热切地把精力转移到下一件事儿上了。

　　你觉得我在胡说？看看吧。我没填写详细描述就直接把应用推给苹果应用商店了。之前我曾问猩猩卖场要过，但他们一直没给我反馈，我已经没时间干等了。（原因在前段已经解释过。）我再次给他们发邮件。一次又一次。对自己的项目我当然得花心思管理。我收到两次反馈，两次他们都问我："你又想要些什么？" **我要应用的详细描述！**

　　一周后，苹果开始测试我的应用。通常这是一个令人感觉相当愉快的过程，但相反，这次却可怕得要命。不出所料，当天晚些时候，应用就被拒回了。被拒理由是我所能想到的最可悲、最可怜的——"该应用缺少详细描述"。功能完备，但没有应用的详细描述。为此，猩猩卖场也没能在黑色星期五前成功发布他们的应用。我十分沮丧。

　　为了这两周极速冲刺，我已经牺牲了个人时间，而猩猩卖场却没有一个人肯在足足一周里抽点时间来写个应用描述。就在应用程序被拒后一小时，他们才把应用描述给了我们——显然，这是业务要开始启动的信号。

如果说此前我是沮丧，那么一周半之后，我简直是要气死了。知道吗，他们仍然没给我真实数据。服务器上的产品和优惠券仍然完全是编造用于测试的假数据。想象一下，那些优惠券条码号仍然是 1234567890。这简直是胡扯！（顺便说一下，在这语境里我想说的 baloney[1] 是"胡扯"，可不是指博洛尼亚香肠。）

就在那个不祥的上午，我查了下门户网站，竟然发现——应用可以下载安装了！真要命！那些数据还是瞎编乱造的！我惨叫起来，马上给所能想到的每个人打电话："我要数据！"电话那头的一个女人问我是要火警还是匪警，我气急败坏地挂掉"911 紧急热线"。随后我又打电话给猩猩卖场，大声嚷嚷着"我要数据"。得到的回答令我永远无法忘记：

"噢，你好啊 John。我们新来了一位副总裁，我们已经决定不再发布那个应用了。把它从苹果商店上撤下来，好吧？"

最后，我们发现数据库里至少已有 11 人注册了电子邮箱，也就是说这 11 个人可能会带着用于测试的 iPhone 优惠券走进猩猩卖场准备使用。我的天，那该有多尴尬。

一切尘埃落定后再想想，客户从始至终倒是说对了一件事：这个程序是"应急"的。只是，问题是——它压根儿就没发布过！

### 结果如何？急于完成，却迟难面市

这个故事得出的教训是，你的利益干系人，不论是外部客户还是内部管理层，知道如何让开发人员快快写出代码。但是，是高效地写出代码吗？不见得。是快速地写出代码吗？是的。他们是这么办到的。

❑ **告诉开发人员这个应用很简单**。这能误导整个开发团队进入一种错误的思维框架，还能让开发人员更快开工，这样他们便可……

❑ **挑剔指责开发团队没能发现他们的需要，并借机添加各种功能**。在这个案例中，从硬编码的内容变成了需要应用可以更新。我怎么会没意识到那点呢？我当然意识到了，但我之前已经收到一个不靠谱的承诺了，这才是原因所在啊。或者客户还会聘个"某某"新人，然后这个家伙觉察到此中有某些明显不足。或许有一天客户还会说他们刚聘了史蒂夫·乔布斯，问我们能不能给应用添加点金术？于是他们就……

❑ **一而再地推后项目截止日期**。给到开发人员的截止期限往往只有几天，他们为此要飞速拼命地赶工。（顺便说一下，这也是开发人员最容易犯的错，但这已是家常便饭，谁又会在乎呢，对吧？）既然他们已经这么高效了，为什么又跟他们说可以将日期延后呢？占便宜啊！就是这样，在你已加班 20 小时把一切差不多都弄好时，他们又多给了你几天时间，然后又再加一周时间，好提出新的需求……就仿佛是驴和胡萝卜的关系，只是，你的待遇连驴子都还不如呢。

---

1 baloney 是种大红肠，源自意大利城市博洛尼亚 Bologna，那里出一种很便宜的香肠，里面放的是一些质量不太好的肉末，后渐渐衍生出"胡扯""假的"之类的意思，大约是因为博洛尼亚香肠混杂了各种边角肉末而其口味不同于原材料的缘故。——译者注

这是要小聪明。他们居然以为这种方法行得通，但你能责怪他们吗？毕竟他们看不见那些糟糕透顶的代码。因此，这样的事一而再再而三地发生，尽管结果往往相当惨烈。

在经济全球化时代，企业唯利是图，为提升股价而采用裁员、员工过劳和外包等方法，我遇到的这种缩减开发成本的手段，已经消解了高质量程序的存在价值和时宜了。只要一不小心，我们这些开发人员就可能会被要求、被指示或是被欺骗去花一半的时间写出两倍数量的代码。

## 2.5　如何写出好代码

在上面的故事中，当 John 问道"有可能写出好代码吗"时，他其实是问"有可能坚守专业主义精神吗"。毕竟，在这个悲惨故事中，受到损害的不仅仅是代码，还包括他的家庭、他的雇主、客户以及用户们。在这个冒险游戏中，每个人都是输家[1]。大家之所以失败，都是因为缺乏专业精神。

那么究竟是谁表现得不够专业呢？John 的意思很清楚，他认为是猩猩卖场的业务经理们。说到底，John 的剧本分明就是对他们糟糕举措的控诉。但他们的行为真的很糟糕吗？我不这么认为。

猩猩卖场的人想要在黑色星期五前得到一个 iPhone 应用。为此他们愿意出钱请人帮他们开发。他们也找到了愿意接单的人。既然如此，又怎能责怪他们呢？

没错，其间的一些沟通的确有点失败。显然，业务经理们并不清楚到底什么是 web service，不过大公司里一个部门不知道另一部门的事也很正常。这也并非什么意料之外的事。John 甚至自己也这么承认，他说过："尽管多年来我时常提醒自己——客户所要的任何一项功能，一旦写起来，总是远比它开始时所说的要复杂许多……"

这样说来，如果根源不在猩猩卖场，那么又是谁呢？

或许是 John 的直接雇主。John 并没有点明，但他在自己的补充说明"商业上，客户重要性不容小觑"里对此有所暗示。那么，John 的雇主是不是对猩猩卖场做出了什么不合理的承诺呢？为了兑现那些承诺，他们是否直接或间接地对 John 进行施压呢？John 没这么说过，所以我们也只能猜想。

即便这样，John 到底又该履行哪些职责呢？这件事上，我将问题直接归咎于 John。因为是他明知项目往往会比听起来的更复杂，却仍接受最初的两周期限；是他接受了写 PHP 服务

---

1　唯一的例外可能是 John 的直接雇主，虽然我打赌他也有所失。

程序的需求；是他接受了邮箱注册和优惠券有效期这样的需求；是他连续一天 20 小时一周 90 小时地工作；是他抛开家庭和自己的生活，火急火燎地赶进度。

而他又为什么要这样做呢？他毫不含糊地告诉过我们。"我点了'发送'按钮，仰靠在椅子上，开始自鸣得意地笑着想象大家会如何把我抬到肩上，冠我以'史上最伟大的开发人员'的美名……"简而言之，John 这么做是为了成为英雄。他仿佛看到荣誉的光环将在他的头上闪耀，他受到了召唤，于是俯身抓住这个成功的机会。

专业人士常常会成为英雄人物，但这样的荣誉并非是他们所刻意追求的。他们之所以成为英雄人物，是因为他们出色地完成了任务，不但按时，而且符合预算。而 John 却是一门心思想成为风云人物和救世主，从这点上看，他表现得并不专业。

John 本该对最初的两周期限说"不"。或者，即便那时没那么做，但在发现没有网页服务接口的时候，他也该说出"不"字。他本该对邮箱注册和优惠券有效期的需求说"不"。对任何需要可怕的加班与做出牺牲的需求说"不"。

但最重要的，John 应该对他自己的内心渴望说"不"，他应该杜绝"为了按期完工，唯一办法就只能是怎么快怎么来，顾不上代码是否一团混乱了"这样的想法。看看 John 是怎么提到好代码和单元测试的：

"为了抵消这些额外任务的时耗影响，代码只能写得再快些了。忘记那个什么'抽象工厂'吧。用长长的 for 循环代替'组合'吧，没时间了！"

还有：

"那 8 天，我使尽浑身解数，用尽所有可能的工具狂写代码：复制粘贴（你懂的，可复用代码）、魔法数字（要避免重复定义常量——呼哧呼哧！——后面只好重打一遍），单元测试当然就免了！（都到这节骨眼了，谁还用得上那些红条条啊，那只能让我更加泄气！）"

接受那些决定才是失败的真正根结。John 认为成功的唯一途径就是打破专业习惯，为此，他也只能自食其果。

这话听来或许不近人情。其实我无意要做特别的苛责。在前面的章节中，我也讲述过自己在职业生涯中如何不止一次地犯下同样的错误。成为英雄及"解决问题"的诱惑诚然巨大，只是我们要明白，牺牲专业原则以求全，并非问题的解决之道。舍弃这些原则，只会制造出更多的麻烦。

说到这儿，我终于能回答 John 一开始的问题了：

"有可能写出好代码吗？有可能坚守专业主义精神吗？"

我的回答是："是的。但你要学会如何说'不'。"

第**3**章

# 说"是"

　　你知道吗，我才是语音邮件的发明人，没骗你。事实上，Ken Finder、Jerry Fitzpatrick 和我，我们三人共同拥有语音邮件的专利。那是 20 世纪 80 年代初，我们三人正在一家叫 Teradyne 的公司上班。CEO 要求我们开发一款新产品，后来我们研发出了"电子接待员"（Electronic Receptionist），简称为 ER。

　　大家都知道什么是 ER 吧？ER 是形形色色令人恐怖的机器中的一种，许多公司里都有这种能够接听电话的机器，你需要按键回答一堆弱智问题才行（比如"英语，请按 1"）。

在接听电话时，ER 会先要求你拨出通话对象的姓名，再念出自己的姓名，然后它会呼叫你要的人。它会告知对方有来电，并询问是否需要接通。如果对方接受应答，它便接通电话，然后退出。

你可以告诉 ER 你的位置，还可以给它留下多个电话号码，供它呼叫你。这样一来，如果你在别人的办公室里，ER 也能够找到你。如果你在家里，ER 还是能够找到你。如果你在其他城市，ER 也能够找到你。如果最终 ER 仍然无法找到你的话，它会帮你记下留言。这时语音邮件就派得上用场了。

十分奇怪的是，Teradyne 居然对如何推销 ER 毫无头绪。项目的预算超支了，最后这个项目的产品竟然被改造成了专为电话维修工分派任务的"技工派遣系统"（CDS）了，原因是公司只懂得如何推销这种系统。而且，Teradyne 未告知我们就放弃了语音邮件的专利。（!）该专利现在的拥有者，是在我们的 ER 完成之后三个月才申请到专利的。（!!）[1]

ER 改造为 CDS 很久之后的某一天（当然，那时我还要过好久才知道专利已经被放弃了），我藏在一棵树上候着 CEO 来公司。我们的办公楼前有一棵很大的橡树，我爬到树上，等着他的捷豹开进来。我在大门口拦住他，请他花几分钟时间和我谈一谈。他同意了。

我告诉他，我们应该重新启动 ER 项目。我告诉他，我确信那项目肯定能赚钱。他的回答让我始料未及："好的，Bob，那你做个计划出来。让我看看怎样才能从中赚到钱。如果你做得出计划，而且我也觉得它靠谱，我就重新启动 ER 项目。"

对此，我确实始料未及。我本以为他会说："说得对，Bob。我会重启那个项目，并且我会设法在这上头赚钱。"但是实际情况并非如此，他把球踢回给我了，而我对如何能赚到钱这事也吃不准。毕竟，我只是个做软件开发的，对于怎么赚钱这事一窍不通。我只想能继续做 ER 项目，并不想对项目最终的盈亏负什么责。不过我不想让他看出这点。所以在对他表示感谢后，就离开了他的办公室。离开时，我说：

"十分感谢，Russ。我想我会努力的。"

说到这里，允许我向大家介绍 Roy Osherove，看过他的这篇文章之后，大家就会明白，我说那句话时其实根本没有底气。

---

1　我之所以愤怒，倒不是因为这项专利对我来说有多值钱。其实，依照劳动合同，我已经以 1 美元的价格把该专利卖给了公司。（不过事实上，我连这 1 美元也没拿到。）

# 3.1　承诺用语

（作者 Roy Osherove）

口头上说。心里认真。付诸行动。

做出承诺，包含三个步骤。

（1）口头上说自己将会去做。

（2）心里认真对待做出的承诺。

（3）真正付诸行动。

但是，我们是不是常常碰到这种情况，其他人（当然不会是我们自己！）在做出承诺时，其实并没有完整包含这三个步骤？

**你问 IT 部的人**"为什么网络这么慢"，他说："是啊。我们真得再弄些新路由器了。"听到这种回答时，你知道这件事后续不会有任何进展。

**你要求项目组的某位成员**在检入源代码之前先做些手工测试，他回答说："好的。希望今天下班前能到这一步。"你会感觉明天还得再问问他在检入代码前到底做了测试没。

**老板**走进你的办公室，嘴上念叨着"我们的进度得再快点儿才行"。这时，你知道他的真实意思是你的进度得再快点儿。因为他自己并不会亲自参与进来。

很少有人会认真对待自己说的话，并且说到做到。有些人在说话时是认真的，但他从来都不会说到做到。而更多的人在做出承诺后，几乎从不会认真去履行诺言。是否听过有人嚷嚷说"天哪，我真该减减肥了"？但你知道其实他还会是老样子，什么改变都不会发生。这样的事确实屡见不鲜。

为什么我们总会有种奇怪的感觉，觉得人们大多数时候并没有全力去兑现承诺呢？

更糟的是，我们常常会因为直觉摔跟头。有时我们轻信他人会说话算话说到做到，但事实上他并没有像承诺的那么去做。我们可能会相信某位开发人员所说的，他们能在一周内完成原本两周才能完成的任务，但其实他们是迫不得已才这么说的。我们不能轻易相信此类承诺。

我们可以通过一些语言上的小花招，而非依靠直觉本能，来判断对方到底能不能"说话算话、说到做到"。同时，也可以小心对照前面所列出的步骤 1 和步骤 2，改变我们自己的说话方式和内容。当我们承诺某事时，必须认真对待承诺。

## 3.1.1　识别 "缺乏承诺" 的征兆

在承诺做某事时，应当留意自己的用词，因为这些用词透露了我们对待承诺的认真程度。实际情况当然不只是注意在我们所说的话中是否含有某几个词这么简单。但如果在其中找不到这几个神奇的词，很可能我们自己根本就没把承诺太当真，或者，这表明我们可能不相信这些词具备的功效。

以下示例中包含的几个用词和短语，会透露 "缺乏承诺" 的蛛丝马迹，要注意搜寻。

**需要/应当**。"我们要把这活做完。""我需要减肥。""有人应当负责去推动这件事。"

**希望/但愿**。"希望明天我能完成这个任务。""希望改天我们能再见面。""但愿我有时间做这件事。""但愿电脑能快点。"

**让我们**（而不是 "让我"）。"让我们回头再见。""让我们把这事做完。"

只要去搜寻你就会发现，在自己身边，这类词语比比皆是，甚至在你对别人说的话里也时常出现。

你会发现，我们有竭力逃避承担责任的倾向。

如果你或者其他人工作的一部分依赖于那些承诺，那就大事不妙了。不过你已经迈开了第一步，开始能够在你周边的人（包括你自己）的言语里捕获可能存在 "缺乏承诺" 的征兆了。

我们已经明白有哪些词语会暴露 "缺乏承诺"。那么，该怎么识别真正的承诺呢？

## 3.1.2　真正的承诺听起来是怎样的

前一小节所列措辞的共同点是，说话的人要么显得事情不在 "我" 的掌控范围内，要么不愿意承担个人责任。每个例子中，大家都表现得仿佛自己是某种情势的 "受害者"，而不是掌控者。

而事实是，你，你自己，**始终都能掌控某些事情**，也就是说，**总有些事**是你可以承诺做到的。

识别真正承诺的诀窍在于，要去搜寻与下列相似的语句：我将在……之前……（例如，我将在周二之前完成这个任务。）

这句话的关键在哪里呢？你对自己将会做某件事做了清晰的事实陈述，而且还明确说明了完成期限。那不是指别人，而是说的自己。你谈的是自己会去做的一项行动，而且，你不是可能去做，或是可能做到，而是必须做到。

一言既出，驷马难追（理当如此）。既然你说过自己将会做某事，那么可能的结果就只有两种了：要么你做到了，要么没有。如果你没做到，他人就能摆出你先前的承诺让你难堪。由于失信于人，你会感觉很糟糕。告诉别人自己没能兑现承诺时，你会感到十分难堪（如果那人曾当面听你做出承诺的话）。

害怕了吧？

只要有一个人听过你当面做出承诺，那么在他面前，你就要为所做的承诺负起全部责任。你不是站在镜子或是电脑屏幕前自言自语，而是面对另一个人，亲口承诺说你某时会做到某事。可以说，这时你已经做出承诺了。你已经把自己放在必须做到某事的情势下。

这时，你的措辞已经切换到"承诺"模式了，之后便要继续走完下面两个步骤：言必信，行必果。

下面给出的是让你没能做到"言必信，行必果"的一些可能原因，同时还附了一些应对方法。

## 1．之所以没成功，是因为我寄希望于某某去做这件事。

你只能承诺自己能完全掌控的事。比如，如果你的目标是完成一个还依赖于另一团队的模块，那么你无法承诺自己既能够完成这个模块，还能实现该模块与其他团队所负责模块间的无缝集成。但你能承诺自己会采取一些具体行动来达成最终目标。你可以承诺以下内容。

和基础设施组的 Gary 坐下来，花一个小时，彻底厘清模块间的依赖关系。

创建一个接口，对模块与其他团队负责的基础设施间的依赖关系进行抽象。

在本周内，至少和负责构建的同事碰头三次，确保你对代码的改动没有影响整个构建系统。

编写自用的构建脚本，对模块进行集成测试。

看到其中的不同了吗？

如果最终目标依赖于他人，那么你就应该采取些具体行动，接近最终目标。

## 2．之所以没成功，是因为我不太确信是否真能完成得了。

即使目标无法完成，你仍能全力前进，离目标更近些。而弄清楚目标能否达成这件事，便是你可以采取的努力行动之一。

如果无法在发布前修复余留的 25 个 bug，你也该坚持努力采取以下行动，缩短与最终目标的距离。

把这 25 个 bug 全部过一遍，努力重现这些 bug。

和发现 bug 的 QA 一起坐下来，看下 bug 重现时的现场。

用本周能支配的全部时间，尝试逐一修复 bug。

## 3．之所以没成功，是因为有些时候我真的无能为力。

这样的事情时有发生。有些事情先前你可能没预料到，这很现实。但如果你仍然希望自己能够不负众望，那就赶紧去调整别人对你的预期，**越快越好**！

如果你无法兑现承诺，那么最重要的就是尽早向你的承诺对象发出预警，越快越好，越早越好。

你越早向各利益相关方发出预警信号，整个团队就越有可能抓住机会，中止并重新评估当前的活动，并决定是否采取些措施或做出些改变（比如调整优先级等）。这么一来，你仍有可能达成之前的承诺，或者，用另一个承诺来代替先前的承诺。

看下面的例子。

如果你和同事约好中午在市中心某处的咖啡馆会面，但却遇上了堵车，你担心自己可能无法准时到达。那么，在意识到自己可能会迟到时，要尽快打电话告知同事。或许你们可以找个近点的地方会面，或是推迟会面。

如果你承诺要解决某个你认为可以解决的 bug，但随后发现解决起来要远比自己预想的棘手，你可以发出预警信号。这样一来，项目组还可以做些研究，决定是否采取一些行动（结对工作、挖掘可能的解决方案、进行头脑风暴）来达成目标，或者调整优先级，安排你先去修复其他简单些的 bug。

在此，有一点相当重要：如果你不尽早告诉他人可能的问题，就错失了让他们帮助你达成目标、兑现承诺的机会。

### 3.1.3 总结

今天的程序员肯定得去面对诸如估算、确定最后期限以及面对面交流等沟通活动。做出承诺或许听来令人有点害怕，但它能够帮助程序员解决在沟通中可能发生的不少问题。如果你能够一直信守承诺，大家会以为你"是一名严谨负责的开发人员"。在我们这行中，这也是最有价值的评价。

## 3.2 学习如何说"是"

之所以请 Roy 贡献上文，是因为它深深引起了我的共鸣。之前我费尽唇舌说明要如何学会说"不"。但是，学会如何说"是"也同样重要。

### 3.2.1 "试试"的另一面

假设 Peter 正负责修改"评价引擎"。他个人预估，这些修改工作需要耗费他 5～6 天的时间。另外，他认为为本次修改编写文档还需要几个小时。周一早上，他的经理 Marge 向他询问进展状况。

Marge："Peter，周五前你能完成对评价引擎的修改吗？"

Peter："我想应该可以。"

Marge："包括文档吗？"

Peter："我会试试看尽力把文档也写完。"

或许 Marge 没有听出 Peter 话语里的犹豫不决，但他显然没有对此明确做出承诺。Marge 提的问题需要得到明确回答，"能"或是"不能"，但是 Peter 的回答却含糊不清。

注意，"试试"这个词在这里被滥用了。上一章里，我们认为"试试"意味着"仍有余力可施"。而在这里，Peter 所说的"试试"，则是"可能做得到，也可能做不到"的意思。

Peter 如果能像下面这样回答，则要好一些。

Marge："Peter，周五前你能完成对评价引擎的修改吗？"

Peter："可能可以，但也可能得到下周一。"

Marge："包括文档吗？"

Peter："写文档要再多花上几个小时，这样的话，有可能下周一可以完成，不过也可能会到下周二。"

这段对话里，Peter 的措辞更为实诚。他清楚地向 Marge 表达了自己的不确定感。Marge 或许能够应付得了这种不确定，但也可能无法接受。

## 3.2.2 坚守原则

Marge："Peter，到底是能还是不能，我需要个明确的答案。周五前你能完成对评价引擎的修改并写好文档吗？"

对 Marge 来说，这么问无可厚非。她负责掌管进度，关于周五这个时间点，她需要得到一个明确的回答。那么，Peter 该怎么回答呢？

Peter："这样的话，Marge，我只能说'不能'了。关于完成修改并写好文档，有十足把握的时间点，我估计最快得到下周二。"

Marge："你确保周二一定完成吗？"

Peter："是的，我保证，周二肯定一切就绪。"

但是，如果 Marge 的确需要这些代码修改和文档在周五前便完成，那又该怎么办呢？

Marge："Peter，下周二对我来说真的很成问题。我们的技术文档工程师 Willy 下周一可以投入项目。他需要五天时间完成用户手册，如果我周一早上拿不到评价引擎的文档，那他也就没办法按时完成手册了。你能先把文档写完吗？"

Peter："不行，必须先改好代码才行，因为文档是从测试运行结果中生成的。"

Marge："好吧，那你就没别的办法可以在下周一早上前完成修改和文档了吗？"

下面就该 Peter 做出个决定了。他很有可能可以在周五完成评价引擎的修改，甚至可能可以在回家过周末前把文档也写完。如果进度比预期的要慢些，他还可以选择周六再加几小时班赶下工。那么，他该怎么对 Marge 说呢？

Peter："Marge，是这样的，如果我周六再加几小时班，还是很有可能可以在下周一早上之前完成全部工作的。"

这能解决 Marge 的问题吗？不能，这只不过是增加了些可能概率而已，Peter 也本该告诉她这种可能方案。

Marge："那我能指望下周一早上便拿到想要的结果吗？"

Peter："可能可以，但我也没法打包票。"

对 Marge 来说，这样的回答可能还是不够理想。

Marge："是这样的，Peter，我的确需要拿到一个明确的时间点。不管用什么方法，你能确保下周一早上之前搞定一切吗？"

这时，Peter 可能会冒险放弃原则。如果不写测试，他或许可以更快点完成任务。如果不做重构，不运行整套回归测试，或许也可以快点完成任务。

此时，如果是专业开发人员，就不会放弃底线。首先，这种假设本身就是错误的。即使不写测试，不做重构，省掉完整的回归测试，Peter 也无法更快完成任务。多年经验告诉我们，打破这些纪律和原则，必然会拖慢进度。

其次，身为专业开发人员，Peter 有责任根据标准规范自身工作。代码必须经过测试，代码必须要有对应的测试代码。要确保代码清晰整洁，而且必须确保没有影响到系统的其他部分。

作为专业开发人员，Peter 已经承诺会遵循和捍卫这些标准。他做出的其他所有承诺，都应该和这份承诺保持一致。所以，这一长串的"如果……或许……"的念头，要彻底打消。

Peter："不，Marge，我没法确保能在周二之前的某天就完成全部工作。如果这把你的进度表搞乱了，我也只能说抱歉，我们面对的实际情况就是如此。"

Marge："真糟糕。我原本指望这个任务能更快些完成的。你确认如此吗？"

Peter："是的，我确认，可能要一直到下周二才能完成。"

Marge："好吧，我想我该去和 Willy 谈谈，看看他是否能重新安排日程。"

这个例子里，Marge 接受了 Peter 的回答，并开始寻求其他解决方法。但如果 Marge 已经别无他法了呢？如果 Peter 是最后的希望所在呢？

Marge："Peter，听我说，我知道这挺强人所难的，但我真的需要你想办法在下周一早上之前能够完成这些任务。这真的至关重要。你能再想想其他什么办法吗？"

既然如此，Peter 便开始想着是不是该狠狠加加班，甚至可能得花掉周末大部分的时间。对此，他必须切实地考虑自己的精力储备。口头上**说**自己会在周末搞定这些事情是很容易的，但真要花精力高质量地完成工作会困难许多。

专业人士对自己的能力极限了如指掌。他们十分清楚自己还能保持效率加班多长时间，也非常明白要付出的代价。

这时，Peter 认为工作日加几小时班、然后周末再赶一下工应该就够了，他对此相当自信。

Peter："好的，Marge，这样吧。我会打个电话回家，跟家人说一下我要加班。如果他们没意见，我能保证在下周一早上之前完成任务。甚至下周一早上我还会过来公司看看，确保 Willy 这边一切顺利。不过之后我就会回家休息，直到周三才会回来上班。你看这样行吗？"

这十分公平。Peter 知道，如果自己加班的话，一定可以完成代码修改和文档编写的任务。他也明白，在这之后的几天需要休整，才有精力回来继续工作。

## 3.3  结论

专业人士不需要对所有请求都回答 "是"。不过，他们应该努力寻找创新的方法，尽可能做到有求必应。当专业人士给出肯定回答时，他们会使用正式的承诺，以确保各方能明白无误地理解承诺的内容。

第 **4** 章

# 编码

    关于"整洁代码"的结构及特质，我在前一本书[1]中已经写了很多。本章将讨论"编码"以及围绕编码的各种情境因素。

    18 岁时，尽管我的打字水平已经相当不错，但在打字时还是得看着键盘。那时我还做不到盲打。因此有一天晚上，我就在一台 IBM 029 穿孔机上专门练习了好几个小时的盲打。我在上面录入之前用编码表格写好的一个程序，在练习时强迫自己的眼睛不再盯着手指看。每

---

1 [Martin09]

录完一张卡片我就检查一次，如果有录入错误我就把那张卡片扔掉。

一开始时，我的错误还不少。但到那晚练习结束时，我已经能够几乎一气呵成地录入程序了。在那个深夜，我忽然领悟到，盲打的全部秘诀便是"信心"。我的手指知道按键在哪个位置，我只需要确信自己没有敲错键即可。而我之所以有这么充足的信心，原因之一是敲错键时我自己能够感觉得到。那晚练习结束时，我已经能够做到如果有录入错误几乎立刻便能感知到，而无须再去检查卡片，直接将那张录错的卡片弹出即可。

能够感知到错误确实非常重要。不只对"录入"是这样，对于一切事情莫不如此。具备"出错感知能力"，说明你已经能够非常迅速地获得反馈，能够更为快速地从错误中学习。自从在 029 穿孔机上顿悟那天之后，我又学习和掌握了其他一些技艺。我发现，要精熟掌握每项技艺，关键都是要具备"信心"和"出错感知"能力。

本章将介绍我个人关于编码的一套规则与原则。这些规则与原则并非关于代码本身，而是描述我在编码时的行为、情绪与态度。它们所描述的是我在编码时的心理、精神和情绪，而这些是"信心"和"出错感知"的源泉。

我在这里所说的，可能你不会全部同意。毕竟，它们是因人而异的。事实上，对于我的一些态度和原则，你可能强烈反对。这并不要紧，我并非说它们对除我之外的其他任何人都通通适用，或是放之四海皆准的绝对真理。它们只是我关于"成为专业程序员"的个人体悟和修习方法而已。

也许，通过揣摩和细思我的编程经历，你便能学会如何从我的手中抢走石头[1]。

## 4.1　做好准备

编码是一项颇具挑战也十分累人的智力活动。相比其他类型的活动，编码要求更加聚精会神。因为在编码时你必须平衡互相牵制的多种因素。

（1）首先，代码必须能够正常工作。必须理解当前要解决的是什么问题以及该如何解决。必须确保编写的代码忠实遵循解决方案。必须管理好解决方案的每一处细节，并且使语言、平台、现有架构以及当前系统的所有问题和平共处。

---

1　原文为"snatch the pebble"，在 1970 年开播的电视剧《功夫》（Kungfu）中，师傅会要求徒弟从他的手中抢走石头，以证明自己已经精通拳艺，此时便可以出师，开始行走江湖。——译者注

（2）代码必须能够帮你解决客户提出的问题。很多时候，客户提出的需求其实并没能真正解决他们自己的问题。这有赖于你去发现这些问题并与客户交流，以确保代码能够满足客户的真实需求。

（3）代码必须要能和现有系统结合得天衣无缝。你的代码不能让系统变得更僵硬、更脆弱、更晦涩，必须要妥善管理好各种依赖关系。简而言之，编写代码时必须遵循稳健的工程原则[1]。

（4）其他程序员必须能读懂你的代码。这不仅包括要写好注释这类事，还包括要精心锤炼代码，使它能够表达你的编程意图。要做到这点很不容易。事实上，这可能是程序员最难精通的一件事。

同时要平衡好所有这些关注点颇为困难。长时间维持高度集中精神是有难度的。再加上在团队或组织中工作时常会遭遇到各种问题与干扰，以及需要留意和关注的各种日常琐事。总之，编码时无可避免地会受到各种干扰。

当你无法全神贯注地编码时，所写代码就有可能出错。代码中可能会存在不少错误，也可能会存在错误的结构，模糊晦涩，令人费解，无法解决客户的实际问题。总之，最终你可能必须返工修改代码甚至重写。在心烦意乱的状态下工作，只会造成严重的浪费。

如果感到疲劳或者心烦意乱，千万不要编码。强而为之，最终只能再回头返工。相反，要找到一种方法来消除干扰，让心绪平静下来。

## 4.1.1　凌晨 3 点写出的代码

我最糟糕的代码，是在凌晨 3 点写出来的。那是 1988 年的事情，当时我正在一家名叫 Clear Communications 的通信行业的创业公司工作，为了能够拿到股票期权一圆财富之梦，我们不辞辛劳地长时间工作。当然，我们都梦想着有朝一日能够大富大贵。

在某个深夜，或者更确切地说，在某个凌晨，为了解决一个"定时问题"，我编写了一段代码，它能够通过事件分派系统向自身发送消息（我们称之为"发送邮件"）。这个方案其实是错误的，但是在凌晨 3 点时的我看来，它好极了。事实上，在经过 18 个小时高强度的编码之后（还没算上每周工作 60～70 小时），我已经想不出更好的解决方案了。

我记得，当时对自己能够胜任长时间工作感觉非常良好。我记得那种献身工作的感觉，

---

1 [Martin03]

自己当时认为，凌晨 3 点了还在忘我工作是多么专业的表现啊。当时错得实在离谱！

那些代码后来回过头来一遍又一遍地肆虐我们。它制定了一种错误的设计结构，每个人都要用到它，但又不得不拐弯抹角地用才行。它导致了种种奇怪的定时错误和诡异的反馈回路。一条消息会导致另一条消息被发送出去，然后这个消息又会发送出另外一条消息，如此无限循环下去，陷入了一个消息死循环中。我们一直没时间（当时的确是这么认为的）去重写这团乱麻，但似乎总是有时间在其周边打上其他难看的补丁。雪球越滚越大，绑在凌晨 3 点写成的代码周边的包袱越来越重，副作用越来越大。几年后，它已经成为团队里的一个笑话。每当我累了或神情沮丧时，他们就会说："小心！Bob 又要给自己发消息了！"

这个故事告诉我们：疲劳的时候，千万不要写代码。奉献精神和职业素养，更多意义上指要遵循纪律原则而非成为长时间工作的工作狂。要确保自己已经将睡眠、健康和生活方式调整到最佳状况，这样才能做到在每天的 8 小时工作时间内全力以赴。

## 4.1.2　焦虑时写下的代码

你曾经有过在和爱人或朋友大吵了一架之后再回去写代码的经历吗？是否注意到这时在大脑里还有一个后台进程在运行，试图解决或至少在回想刚吵过的架？有时在胸部或者心口处能够感受到后台进程所产生的压力，这种压力令人焦虑，情况和喝了太多的咖啡或健怡可乐时很像。这种感受令人心烦意乱。

如果我为与妻子发生的争吵、客户危机或者家中生病的小孩而感到忧心忡忡，就无法集中注意力。我发现自己虽然眼睛盯在屏幕上，手指也搭在键盘上，但什么都没干，就像得了紧张性精神障碍，瘫痪在那里。此时我其实并没有在努力解决面前的编程问题，而是在心里为那些问题躁动不安。

有时我会强迫自己去思考代码，也许还会逼迫自己写上一两行。我可能会逼着自己向前走，写些代码让一两个测试能够通过。但这种状态无法持续下去。不可避免地，我发现自己陷入神游万里的状态中，眼睛虽然睁着但其实什么都没有看到，内心的忧虑一直令我焦躁不安。

现在我已经知道，这时根本就不应该编写代码。这时产出的任何代码都会是垃圾。因此，这时我不该写代码，而应该先解除焦虑情绪。

当然，有许多焦虑无法在一两个小时内便能解决，而且老板也无法长期容忍我们因为要解决个人问题而不投入工作。关键所在是要学会如何关闭后台进程，或至少要能够降低其优先级，这样焦虑就不会造成持续的干扰。

我使用将时间分块的方法来解决这个问题。我会花专门的一块时间，也许是一个小时，来处理造成焦虑的问题，而不是强迫自己忍受着内心的焦虑煎熬继续编程。如果小孩生病了，我会打个电话回家询问一下情况。如果和妻子之间此前有点争论，我会打电话和她好好沟通清楚。如果出现金钱方面的问题，我会花些时间思考如何才能处理好财务问题。我知道我不可能在这一小时里就解决全部问题，但这样做可能就可以减少心中的焦虑，使后台进程终止。

理想情况下，应该使用私人时间去解决私人问题。像上面这样在办公室里花一个小时解决私人问题，是一件令人惭愧的事。专业开发人员善于合理分配个人时间，以确保工作时间段中尽可能富有成效。也即是说，在家中时就应该专门安排时间去解决焦虑，这样就不会把焦虑情绪带到办公室里。

另一方面，如果发现自己虽然人坐在办公室里，但内心的焦虑正在不断削弱工作效率，那么最好还是花上一个小时让它们先安静下来，这要好过硬逼自己去写代码，因为这样憋出来的代码以后也将不得不抛弃（如果还要与之长期相伴，那就更糟糕了）。

## 4.2 流态区

关于高效率状态，大家已经写了很多，这种状态通常被称为"流态"。有些程序员将之称为"流态区"。不管用什么名字，你可能都不陌生，甚至有过这种体验。这是程序员在编写代码时会进入的一种意识高度专注但思维视野却会收拢到狭窄的状态。在这种状态下，他们会感到效率极高；在这种状态中，他们会感到"绝无错误"。因此他们一直苦苦追求进入这种状态，并经常以能在那种状态下维持多久来衡量自我价值。

一些曾经进入这种状态但终又从中摆脱出来的人给出了一点儿忠告：避免进入流态区。这种意识状态并非真的极为高效，也绝非毫无错误。这其实只是一种"浅层冥想"状态，在这种状态下，为了追求所谓的速度，理性思考的能力会下降。

让我说得更清楚些。在流态区，你可能可以敲出更多的代码。如果你当时正在做 TDD，你会更快速地重复"红/绿/重构"循环。你会收获一种愉悦感或征服感。问题在于，在流态区状态下，你其实放弃了顾及全局，因此，你很可能会做出一些后来不得不推倒重来的决策。在流态区写代码可能会快些，但是后面你将不得不更多地回头重新审视这些代码。

现在，当我感觉自己将要滑入流态区时，就会走开几分钟。我会通过回复几封邮件或者翻看几条推特来换换脑筋。如果时间已近中午，我会停下来去吃午饭。如果我正和一个团队一起工作，则会去找一个结对编程的搭档。

结对编程最大的一个好处在于，结对中的任一方都不可能进入流态区。流态区是一种与世隔绝的状态，而结对则要求持续密切地进行沟通。事实上，我经常听到关于结对编程的抱怨便是，结对会阻碍人们进入流态区。很好！流态区正是要避免进入的状态。

不过，也并非总是如此。有时候流态区正是你希望进入的状态。这个时候，就是当你潜心练习的时候。我们会在另外一章中详谈"练习"。

## 4.2.1  音乐

20 世纪 70 年代末，在 Teradyne 公司工作时，我有一间私人办公室。我是公司 PDP 11/60 系统的管理员，因此也是为数不多的拥有私人终端的程序员。那是一个以 9600 波特运行的 VT100 终端，通过 25 m 的 RS232 电缆从我办公室的天花板吊顶接入到计算机室中的 PDP 11 上。

我的办公室里有一套立体声音响，配有老式的唱片机、功放和落地式扬声器。我收藏有一大套黑胶唱片，其中有"齐柏林飞船乐队[1]""平克·弗洛伊德[2]"等。你大概可以想象得到是怎样一种场景。

我过去习惯放着唱片，边听音乐边写代码，那时我以为这样有助于集中注意力。但是我错了。

有一天我回顾某个模块的代码，发现代码的注释里包含歌曲的歌词，以及关于"俯冲轰炸机"和"哭泣的婴儿"的评论。当初编辑这段代码时，我正在听《迷墙》[3]这首歌的开篇部分。

这个发现对我触动很大。作为这段代码的读者，我看到的是这段代码的作者（也就是我）的音乐喜好，而不是这段代码试图要解决的问题。

我意识到，在听音乐时无法写好代码。音乐并没有帮助我专注于编码。事实上，听音乐

---

1  齐柏林飞船（Led Zeppelin）是一支英国的摇滚乐队。这支乐队堪称硬摇滚和重金属音乐的鼻祖，同时齐柏林飞船也是 20 世纪最为流行的和拥有巨大影响力的摇滚乐队之一。——译者注

2  平克·弗洛伊德（Pink Floyd）是英国摇滚乐队，他们最初以迷幻与太空摇滚音乐赢得知名度，而后逐渐发展为前卫摇滚音乐。——译者注

3  《迷墙》（*The Wall*）是平克·弗洛伊德乐队的著名作品。作者说的"俯冲轰炸机"和"哭泣的婴儿"是该歌曲中出现的情景。——译者注

似乎消耗了一部分宝贵的脑力资源，而这些资源本该用于编写设计良好的整洁代码。

也许对你而言可能不是这样，也许音乐有助于你编写代码。我知道许多人在写代码时喜欢戴着耳机，但愿音乐真的能够帮到他们。但同时我也怀疑，真实的情况是，音乐正带领他们进入流态区。

## 4.2.2 中断

假设你正在专心工作，此时有人过来问你问题，你会怎么回应呢？你会厉声相斥怒目相向吗？你的肢体语言会对他们说"走开，别烦我，我正忙着呢"吗？简而言之，你会粗暴相待吗？或者你会停下手中的活，礼貌地帮助那些碰到困难的人吗？你会以你自己碰到困难时期望他人对待你的方式来对待他们吗？

粗暴相对的回应方式通常都是因为流态区所致。被他人从流态区中拉出来，或者当你正努力进入流态区却被其他人干扰时，你可能都会十分生气。不管哪种情况，粗暴方式都与你如何看待流态区相关。

但是，有时候并非是因为流态区的责任，而只是你正在努力理解一些十分复杂的东西，这要求你必须全神贯注。有一些解决办法可以应对这种情况。

结对是用以应对中断的一种好方法。当你接答电话或回答其他同事的问题时，结对搭档能够维护住中断处的上下文。等到你重新回去和结对搭档一起工作时，他能够很快地帮你恢复被打断前的思维。

另一种很有帮助的方法便是采用 TDD。失败的测试能帮你维护住编码进度的上下文。当处理完中断重新回去时，你很清楚下一步任务便是让这个失败的测试通过。

当然，中断无法避免，总有干扰会打断你、消耗你的时间。发生这种情况时要记住一点，也许下次也会轮到你去打断别人请求帮助。因此，礼貌地表现出乐于助人的态度才是专业的态度。

## 4.3 阻塞

有的时候，死活就是写不出代码来。我自己就曾经遇到过，也看到其他人身上发生过这种情况。干坐在电脑前面，但什么都写不出来。

这时候，通常你会去找一些其他事情干。去查看邮件，去翻阅推特，去翻看些书，检查进度或者读点文档。也可能会去召集会议，或找其他人交流。你会去做各种事情，这样便不必死盯着屏幕，干坐在那里。

哪些原因会导致这些阻塞呢？前面我们已经谈及许多因素。对于我而言，另外一个主要因素便是睡眠。如果睡眠不足，我就什么代码也写不出来。其他因素还包括焦虑、恐惧和沮丧等。

有一个很简单的好办法可以解决这个问题。这个办法几乎屡试不爽，既简单易行，又能够帮助你写出很多代码。

这个方法便是：找一个搭档结对编程。

这个方法很有效也很神奇。当坐到别人旁边的时候，本来挡住去路的问题忽然就会消失了。和别人一起工作时，会发生一种生理上的变化。我不知道这种变化是什么，但是我能够真切感知到这种变化。在我的大脑或身体中会发生一些化学变化，这种变化能帮助我冲破阻塞继续前进。

这个方案并非是万能的。有时候这种变化只会持续一两个小时，之后焦躁疲乏的情绪会加剧，这时候我就只好离开结对搭档，找个僻静的地方躲一会儿。有时候，即使是和别人坐在一起，我能做的也只是跟在别人后面亦步亦趋而已。但对我而言，结对带来的主要好处是它能够帮我重新激活思维。

## 创造性输入

还有其他一些事物可以让我免于陷入阻塞状态。很久之前我就已经明白这一点："创造性输出"依赖于"创造性输入"。

我平时广泛阅读，不放过各种各样的资料。包括软件、政治、生物、航天、物理、化学、数学，还有其他许多方面的资料。不过，科幻小说最能激发我的创造力。

对你来说，可能是其他东西。也许是一本精彩的悬疑小说、一首诗，甚至是一本言情小说。我认为关键要点在于，创造力会激发创造力。这里面也存在一些"逃避现实"的成分。在抛开问题的几个小时内，我会在潜意识中非常活跃地模拟各种挑战和创意，最终，内心中会升腾起几乎无法遏止的力量，激励自己去创造。

并非所有的创造性输入对我都有效果。看电视通常对我的创作没有什么帮助。看电影会好一些，但也只有一丁点儿作用。听音乐对我写代码没有什么帮助，但是对写幻灯片、演讲稿和制作视频确实很有帮助。各种形式的创造性输入中，对我帮助最大的是那些以太空探险为主题的精彩的老片子。

## 4.4　调试

我职业生涯中最糟糕的一次调试经历发生在 1972 年。连接到卡车司机工会会计系统上的终端，一天里总会僵死一两次。这种现象无法确切重现，也不会在某些特定终端或在某个特定应用运行时出现，和用户在终端僵死之前正在做什么操作也毫无关系。前一分钟还运行得好好的终端，下一分钟可能就会僵死在那里。

诊断这个问题花去了好几周的时间。在这段时间，卡车司机工会的人越来越沮丧。每出现一次终端僵死的情况，在那个终端上工作的伙计就只能停下工作，一直等到其他用户完成任务。然后他们会打电话给我们，接着我们再重启系统。那简直就是一场噩梦。

在最初两周中，我们询问了那些经历过这种僵死的人，向他们收集数据。我们会问他们当时正在做什么操作，以及此前做了什么操作。我们也问其他用户，在发生僵死情况前他们在自己的终端上是否注意到有异常现象发生。调查都是通过电话完成的，因为终端位于芝加哥市中心，而我们在北边 30 里之外的康菲尔兹工作。

当时我们没有日志记录，没有计数器，也没有调试器。想要访问系统内部，唯一可以借助的只有前面板上的那些灯泡和按钮。也许我们可以把机器停下来，然后逐字查看内存。但是这样最多只能做 5 分钟，因为卡车司机工会的业务离不开这个系统。

我们花了几天时间，写了一个简单的实时检查器作为控制台，通过 ASR-33 电传打字机操控这个检查器。有了这个工具，就能够在系统运行时查看内存状况。我们增加了在出状况时能通过电传打字机输出的日志消息，创建了内存计数器，通过它便可以对事件进行计数和存留状态历史，并能够通过检查器查看这些信息。当然，只能先通过汇编器大概写好这些工具，等系统夜间无人使用时再在上面进行测试。

这些终端由中断驱动。发送给终端的字符先保存在循环缓冲中。串口每发送完毕一个字符，便会释放一个中断信号，然后循环缓冲中的下一个字符便做好发送准备。

最后我们发现，终端僵死是由于管理循环缓冲的三个变量出现同步异常。不知道为什么会发生这种现象，但这至少是一个线索。在 5000 多行的监管代码中肯定有个 bug，误操作了这些指针中的一个。

这个新发现也使得我们能够手工解除终端的僵死情况！我们可以使用检查器，将这三个变量重置为默认值，这时本来僵死的终端便会奇迹般地复活。最后我们写了一个小工具来检查所有的计数器是否一致，当发现不一致时便进行修复。一开始，当卡车司机工会的人打电话向我们报告说发生僵死情况时，我们会通过在前面板上敲击一个特定的"用户中断开关"来调用这个工具。后来，我们把这个工具改为每一秒自动运行一次。

差不多一个月后，僵死的问题不再出现，卡车司机工会的人终于可以专心工作了。偶尔某个终端会停滞半秒钟，但是系统的基础速度只有每秒 30 个字符，似乎没人注意到这个情况。

但是，为什么会出现计数器不一致的情况呢？那时刚好 19 岁的我决心要一探究竟。

监管代码此前是由 Richard 编写的，他当时已经离开公司去学校读书了。我们其他人没人熟悉那部分代码，因为之前 Richard 把那部分代码捂得死死的。那代码专属于他，别人不能碰。但是现在 Richard 已经离职了，我便能扒开厚厚一摞代码清单，逐页细看。

系统中的循环队列使用的就是一个先进先出的数据结构，是的，也就是队列。应用程序会在队列的一端推入字符，直到队列满。当打印机已经准备好时，中断头会将队列另一端的字符弹出。当队列空的时候，打印机会停止工作。存在的 bug 会导致应用程序以为队列已满，但中断头却以为队列是空的。

中断头是在和其他代码不同的"线程"中运行的。因此，必须对中断头和其他代码都可以进行操作的计数器与变量做好保护，以防止发生同步更新操作。在这个案例中则意味着，任何其他代码在操作这三个变量前，必须先关闭中断。坐下来翻查代码时，我知道我要搜索的是那些在代码中触及了这些变量但却没有事先关闭中断的地方。

换做现在，搜寻的时候我们当然会使用各种强大的工具，找出代码中涉及这些变量的全部地方。几秒钟内便可以知道触及它们的每行代码。在几分钟内，我们便可以知道哪些代码没有事先关闭中断。但是那是 1972 年，那时我手上没有任何类似的工具可供使用，只能靠一双眼睛。

我翻遍了每页代码，搜寻这些变量。不幸的是，这些变量到处都在使用，差不多每页都以这样或那样的方式用到了这些变量。大多数引用的地方都没有关闭这些中断，因为它们都是只读的引用，因此这么做是无害的。问题是，在那种汇编器中，没有一种好方法可以在不需深入了解代码逻辑的情况下就可以知道它们是否只是一个只读引用。每次变量被读入后，也可能会被更新和保存。如果这时中断刚好处于启用状态，变量就会被篡改。

我花了好几天时间进行了细致紧张的研究，最后终于找到了那个地方。在代码的中间部分有一个地方，三个变量中的某一个在中断启用状态下被执行了更新操作。

我计算了一下。这个漏洞发生的时间差窗口大概是 2 毫秒。有 12 个终端在运行，每个终端每秒处理 30 个字符，因此差不多每 3 毫秒会出现一次中断。根据监管代码中设置的队列大小以及 CPU 的时钟频率，我们可以推算出因这个漏洞导致的僵死情况可能会一天出现一到两次。就是这个地方，终于找到了！

当然，我修复了这个问题，但是并没有勇气敢把检查和修复计数器的自动修复工具关闭掉。甚至直到今天，我都不太确信那个系统是否还存有其他漏洞。

## 调试时间

出于某些原因，软件开发人员会认为调试时间并非编码时间。他们认为存在调试时间是天经地义的，调试不等于编码。但是对于公司来讲，调试时间和编码时间是一样昂贵的，因此，如果我们能够做些事情避免甚或消除调试活动，那是最为理想不过的。

如今我花在调试上的时间比十年前要少很多。我没有仔细度量过差了多少，但是我相信差不多应该只有原来的十分之一的样子。之所以能够显著降低调试时间，是因为我采用了"测试驱动开发"这一实践，在另一章中我们会对之进行详细讨论。

不管是否采纳 TDD 或其他一些同等效果的实践[1]，衡量你是否是一名专业人士的一个重要方面，便是看你是否能将调试时间尽量降到最低。绝对的零调试时间是一个理想化的目标，无法达到，但要将之作为努力方向。

医生不喜欢重新打开病人的胸腔去修复此前犯下的错误。律师不喜欢重新接手此前搞砸的案子。经常重新返工的医生或律师会被认为不专业。同样，制造出许多 bug 的软件开发人员也不专业。

# 4.5 保持节奏

软件开发是一场马拉松，而不是短跑冲刺。你无法全程一直以最快的速度冲刺来赢得比赛，只有通过保存体力和维持稳定节奏来取胜。无论是赛前还是赛中，马拉松选手都会仔细调整好自己的身体状态。专业程序员也会同样仔细地保存好自己的精力和创造力。

---

1 我不知道有比 TDD 更为有效的实践了，但是也许你知道。

### 4.5.1　知道何时应该离开一会

没解决这个问题就不能回家？噢不，你可以回家，而且你应该回家！创造力和智力来自于大脑的高速运转。当你感到疲劳时，它们就不翼而飞了。当大脑已经无法正常思考却硬逼自己在深夜还加班解决问题，你只会把自己折腾得更累，但是如果开车回家好好洗个澡，则问题很有可能会豁然开朗。

当碰到困难而受阻时，当你感到疲倦时，就离开一会儿，让富有创造力的潜意识接管问题。精力分配得当，你将能在更短的时间内以更少的精力完成更多的事情。让自己保持好节奏，让团队保持好节奏。了解你的创造力和智力运行的模式，充分发挥它们的优势而非与之背道而驰。

### 4.5.2　开车回家路上

我曾在下班开车回家的路上，解决了许多问题。开车会占用大量与创造性无关的脑力资源。你必须让眼睛、双手和大脑专注于开车，因此，你必须暂时从工作问题中脱离出来。而从问题中暂时脱离出来，十分有助于大脑以不同的但更具创造性的方式搜求各种解决方案。

### 4.5.3　洗澡

我也曾经在洗澡时解决了大量问题。也许是清晨的水流能够将我彻底唤醒，使我可以深入盘点昨晚睡觉时大脑中浮现的所有解决方案。

埋头忙于解决问题时，有时候可能会由于和问题贴得太近，无法看清楚所有的可选项。由于大脑中富有创造性的部分被紧张的专注力所抑制，你会错过很棒的解决方案。因此，有时候解决一个问题最好的办法是回家，吃顿好的，然后上床睡觉，再在第二天清晨醒来洗个澡。

## 4.6　进度延迟

你总有一天会遭遇延迟的情况。即使是最优秀的程序员、最敬业的员工，也不能避免碰到延迟。有时候，则只是因为我们预估时过于乐观夸下了海口，最后延迟的情况无可避免。

管理延迟的诀窍，便是早期检测和保持透明。最糟糕的情况是，你一直都在告诉每个人你会按时完成工作，到最后期限来临前你还在这样说，但最终你只能让他们大失所望。不要这么做。相反，要根据目标定期衡量进度，使用三个考虑到多种因素的期限[1]：乐观预估、标称预估、悲观预估。尽量严守这三个时间点。不要把预估和期望混淆在一起！把全部这三个数字呈现给团队和利益相关者，并每天修正这些数字。

## 4.6.1　期望

如果你呈现的这些数字可能会错过最终期限，那又该怎么办呢？举个例子，假设 10 天后有一个展会，我们需要在展会上展示产品。但是，你对正在开发的特性的时间预估是 8/12/20。

不要对在 10 天内全部完成特性开发抱有期望！这种期望会杀死整个项目。期望会毁掉项目进度表，玷污你的名声，期望会把你拖进大麻烦中。如果展会是 10 天后召开，而你的常规预估已经是 12 天，你是绝不可能完成任务的。要让团队和利益相关者明白这个形势，除非另有后备预案，否则不要轻易松口退步。不要让其他任何人对此抱有期望。

## 4.6.2　盲目冲刺

如果经理极力要求你尽力赶上最后截止期限，那该怎么办呢？如果经理坚持要求你"按期完成"该怎么办？坚决维持你的估算！你最初的估算比你在老板在面前时做出的任何调整估算都要准确得多。告诉老板你已经考虑过所有情况（因为你确实已经这么做了），唯一能够加快进度的方法便是缩减范围。不要经受不住诱惑盲目冲刺。

如果可怜的开发人员在压力之下最终屈服，同意尽力赶上截止日期，结局会十分悲惨。那些开发人员会开始抄近路，会额外加班加点工作，抱着创造奇迹的渺茫希望。这是制造灾难的最佳秘诀，因为这种做法给自己、给团队以及利益相关方带来了一个错误的期望。这样每个人都可以避免面对真正的问题，把做出必要的艰难决定的时机不断后延。

其实快速冲刺是做不到的。你无法更快地写完代码。你无法更快地解决问题。如果试图这么做，最终只会让自己变得更慢，同时也只能制造出一堆混乱，让其他人也慢下来。

因此，必须明白告诉老板、团队和利益相关方，让他们不要抱有这种期望。

---

1 在第 10 章"预估"中对此有更详尽阐述。

### 4.6.3 加班加点

这样一来,你的老板会说:"那每天额外加班两小时行不行?周六来加班行不行?拜托,肯定有办法能够挤出充足的时间准时开发完需求的。"

加班确实有用,而且有时候也有必要。有时候,通过一天工作 10 个小时再加上周末加班一两天,你确实能够达成原本不可能的进度。但这么做的风险也很高。在额外加班 20% 的工作时间内,其实你并无法完成 20% 的额外工作。而且,如果连续两三周都要加班工作,则加班的措施必败无疑。

因此,不应该采用额外加班加点工作的方案,除非以下三个条件都能满足:(1)你个人能挤出这些时间;(2)短期加班,最多加班两周;(3)你的老板要有后备预案,以防万一加班措施失败了。

最后一条至为关键。如果老板无法向你清楚说明加班方案失败的后备预案,那么你就不该同意接受加班方案。

### 4.6.4 交付失误

在程序员所能表现的各种不专业行为中,最糟糕的是明知道还没有完成任务却宣称已经完成。有时候这只是一个撒过头的谎言,这就已经很糟糕了。但是,如果试图对"完成"做出一种新的合理化定义,潜在的危险性是最大的。我们自欺欺人地认为任务已经完成得足够好,然后转入下一项任务。我们自己给自己找借口说,其他还没来得及完成的工作可以等有更充裕时间的时候再来处理。

这种做法具有传染性。如果一名程序员这么做,其他程序员看见了也会效仿。这些人中肯定会有人把"完成"的标准压得更低,后面其他人将会采用新的定义。我曾经亲眼看见这种情况恶化到了无以复加的程度。事实上,我的一位客户竟然将"完成"定义为"代码提交",这些代码甚至都不必通过编译。如果没有什么事情是在必须完成之列,那么定义"完成"简直是太容易的一件事情了。

如果一个团队陷入此种误区之中,管理者听到的将是诸事顺利。所有的状态报告表明,每个人的工作完成得都很准时。这就像是一群盲人坐在铁轨旁边野餐:没有人能够看见满载未完成工作的火车马上将会把他们压垮,而等他们发现时,一切都已经来不及了。

### 4.6.5　定义"完成"

可以通过创建一个确切定义的"完成"标准来避免交付失误。最好的方法是让业务分析师和测试人员创建一个自动化的验收测试[1]，只有完全通过这些验收测试，开发任务才能算已经完成。可以使用如 FitNesse、Selenium、RobotFX、Cucumber 等测试语言来编写这些测试。利益相关者和业务人员应该也能轻松理解这些测试，并且要经常运行这些测试。

## 4.7　帮助

编程并非易事。越年轻的程序员对此可能越没有什么感觉。毕竟代码只不过是一堆 if 和 while 语句而已。但是随着经验渐长，你会开始意识到把这些 if 和 while 语句组装在一起的方式十分重要。不能期望将它们简单混在一起就能得到最好的代码。相反，必须小心谨慎地将系统分解为易于理解的小单元，同时使这些单元之间的关系越少越好，这并非易事。

编程很难，事实上，仅凭一己之力无法写出优秀的代码。既使你的技能格外高超，也肯定能从另外一名程序员的思考与想法中获益。

### 4.7.1　帮助他人

因此，互相帮助是每个程序员的职责所在。将自己封闭在格子间或者办公室里与世隔绝，有悖于专业的职业精神。你的工作不可能重要到你不能花一丁点儿时间来帮助别人。事实上，作为专业人士，要以能够随时帮助别人为荣。

这并非说你不需要独处时间。你当然需要独处时间。但你必须以直接、礼貌的方式告诉别人。例如，你可以让大家知道，在上午 10 点到中午这段时间你不希望受到干扰，但是从下午 1 点到 3 点你的门是敞开的。

要清楚团队伙伴的状态。如果有人看起来遇到了麻烦，就应该向他提供帮助。帮助别人所带来的显著影响一定会让你感到相当惊讶。给他人提供帮助并非说明你比人家聪明很多，而是因为你带来了一个新的视角，对于解决问题起到了显著的催化作用。

帮助别人的时候，你可以坐下来和他一起写代码，为此需预留出一个小时甚至更长的时

---

1 参见第 7 章"验收测试"。

间，当然实际也许没那么久，但是不要让自己看起来十分仓促，仿佛只是随便应付。要全情投入到任务中。当你离开时，可能会发现自己从中收获的东西比给予的还要多。

## 4.7.2　接受他人的帮助

如果有人向你伸出援手，要诚挚接受，心怀感激地接受帮助并诚意合作。不要死命护住自己的地盘拒绝别人的帮助。不要因为自己进度压力很大，就推开伸来的援手。不妨给他半个小时的时间。如果到时那个人不能真正帮到你，再礼貌地致歉用感谢结束谈话也不迟。要记住，如同要以乐于助人为荣一样，也要以乐于接受别人的帮助为荣。

要学会如何请求帮助。当你受阻时，或者有点犯晕时，或者只是绕一个问题绕不出去时，不妨请求别人的帮助。如果你刚好和团队在一起办公，只需将手头的工作停下来，跟大家说"我需要帮忙"。否则，可以使用 yammer[1]、twitter、电子邮件或者桌上的电话寻求帮助。再强调一次，这体现的是一种专业的职业精神。如果帮助唾手可得却让自己一个人堵在那儿，是很不专业的表现。

此时，你可能以为我会开始描述下面这样的美妙场景：毛茸茸的小白兔趴在独角兽的背上，大家一起唱着 Kumbaya[2]大合唱，愉快地飞越希望与变革的彩虹。错了，并非如此。大家知道，程序员大多自负、固执、内向。我们不是因为喜欢和人打交道才做这一行的。大多数人之所以选择以编程为业，是因为喜欢沉浸于弄清各种细枝末节和摆弄各种各样的概念，以证明自己拥有这个星球上最发达的大脑，而厌恶陷入与他人交流的错综复杂的混乱之中。

没错，这是老生常谈了，而且，一般化情况中也存在许多例外。但事实是程序员的确并非天生便是好的协作者[3]。而为了能够实现高效编程，好的协作至为重要。因此，对于我们大多数人而言，既然协作并非我们自身的天性，那么我们就需要通过纪律原则来驱动大家良好协作。

## 4.7.3　辅导

在本书后面，我将用一整章对此进行阐述。现在让我先简单指出一下，辅导缺乏经验的

---

1　yammer 是一款面向企业/组织成员间协作目的的 SNS 系统。——译者注
2　Kumbaya 是一首外国合唱民歌。——译者注
3　对于男性尤为如此。关于是什么在激励女性程序员，我曾经和@desi（Desi McAdam，DevChix 的创始人）有过一次精彩的对话。我告诉她，当我搞定一个程序时就感觉是制服了一头巨兽。她告诉我，对于她及她曾接触过的其他女性程序员而言，编写代码则像是一种培育创造之物的行为。

程序员是那些经验丰富的程序员的职责。培训课程无法替代，书本也无法替代。除了自身的内驱力和资深导师的有效辅导之外，没有东西能将一名年轻的软件开发人员更快地提升为敏捷高效的专业人士。因此，再强调一次，花时间手把手地辅导年轻程序员是资深程序员的专业职责所在。同样道理，向资深导师寻求辅导也是年轻程序员的专业职责。

## 4.8　参考文献

**[Martin09]**：Robert C. Martin, *Clean Code*, Upper Saddle River, NJ: Prentice Hall, 2009.

**[Martin03]**：Robert C. Martin, *Agile Software Development: Principles, Patterns, and Practices,* Upper Saddle River, NJ: Prentice Hall, 2003.

第 **5** 章

# 测试驱动开发

　　"测试驱动开发"（TDD）自在行业中首次亮相，至今已经有十余年了。它最早是极限编程（XP）运动的一部分，但此后已经被 Scrum 和几乎所有其他敏捷方法所采纳。即使是非敏捷的团队也在实践 TDD。

　　1998 年我第一次听闻"先写测试的编程"，当时我是持怀疑态度的。谁会这么做呢？先写单元测试？谁会做这么蠢的事呢？

但那时，我已经是一名有三十多年经验的专业程序员，业内各种流行时尚的潮起潮落，我也见识过挺多了。我知道，对任何新鲜事物，最好不要马上批驳，尤其是 Kent Beck 这样的人物提倡的东西。

因此，1999 年我去了俄勒冈州的梅德福市，找 Kent 会面，向他学习 TDD 的要义。整个体验过程让我震撼不已！

Kent 和我坐在他的办公室里，使用 Java 语言解决一些小问题。我一上来就只想马上写能够解决这个小问题的代码。但是 Kent 不让我这么做，而是带着我一步步体验了 TDD 的整个过程。首先，他写了一个单元测试的一小部分，没几行代码。然后，他写了刚好能使那个测试编译通过的代码。接着，他又写了些测试，然后再写一些代码。

从编码到运行的周期如此之短完全超出了我的想象。我以前都是先花上大半个小时写代码，然后才去编译或运行。而 Kent 居然每 30 秒左右就会运行一次程序。这让我目瞪口呆！

忽然，我发现这种周期似曾相识！许多年前，当我还像是个孩子[1]的时候，就在用 Basic、Logo 这类的解释型语言编写游戏，那时就体验过这么短的周期。用那些语言编程无须构建，你要做的只是添加一行代码，然后执行，再添加，再执行……这样的循环可以频繁重复。也正因为如此，使用这些语言编程效率极高。

但在实际编程的过程中，这么短的周期是绝对不可能的。在实际编程时，你不得不花费大量的时间来写代码，然后花更多时间让代码编译通过，最后再花更多的时间进行调试。我当时是一名 C++ 程序员，真是太不爽了！使用 C++ 编程，构建和链接就得几十分钟，有时候甚至是几个小时的时间。30 秒的周期简直是天方夜谭！

然而，Kent 竟然能以每 30 秒钟一个周期逐渐完成这个 Java 程序，而且没有任何迹象表明在短期内这种节奏会变缓。就在 Kent 的办公室里，我恍然大悟：原来，只要遵循简单的规则，就能像用 Logo 一样用真正的编程语言快速地编写和运行代码！我一下子就迷上了 TDD！

## 5.1   此事已有定论

与 Kent 交流后我领悟到：TDD 绝不仅仅是一种用于缩短编码周期的简单技巧。我会在下文中详述 TDD 的诸多优势。

---

1 少年不识愁滋味，我当时觉得不到 35 岁的人都可以算是孩子。在二十几岁时，我曾花大量时间用解释型语言写过一些很孩子气的小游戏，比如太空战争、探险游戏、赛马游戏、贪吃蛇，你玩过的游戏我都写过。

但首先要声明以下几点。

☐　此事已有定论！

☐　争论已经结束。

☐　GOTO 是有害的。

☐　TDD 确实可行。

是的，过去数年间人们对 TDD 颇有争议，就此发表了不少博客和文章，如今争议依旧来袭。所不同的是，以前他们是认真尝试着去批判和理解 TDD，而现在只有夸夸其谈而已。结论很清楚，TDD 的确切实可行，并且，每个开发人员都要适应和掌握 TDD。

我知道这话听着不顺耳，还有些片面，但是，既然外科医生不需要极力捍卫"手术前要洗手"，程序员当然也不需要极力捍卫 TDD，这都是顺理成章的事情。

如果连所有代码是否都可以正常运行都不知道，还算什么专业人士？如果每次修改代码后没有测试，如何能够知道所有代码可以正常运行？如果缺乏极高覆盖率的自动化单元测试，如何能够做到每次修改代码后都对代码进行测试？如果不采用 TDD，如何能够获得极高覆盖率的自动化单元测试？

最后一句需要进一步展开进行详细阐述。那么，到底什么是 TDD 呢？

## 5.2　TDD 的三项法则

（1）在编好失败单元测试之前，不要编写任何产品代码。

（2）只要有一个单元测试失败了，就不要再写测试代码；无法通过编译也是一种失败情况。

（3）产品代码恰好能够让当前失败的单元测试成功通过即可，不要多写。

遵循这三项法则的话，大概 30 秒钟就要运行一次代码。先写好一个单元测试的一小部分代码，很快，你会发现还缺少一些类或函数，所以单元测试无法编译。因此必须编写产品代码，让这些测试能够编译成功。产品代码够用即可，然后再回头接着写单元测试代码。

这个循环不断反复。写一些测试代码，然后再写一些产品代码。这两套代码同步增长，互为补充。测试代码之匹配于产品代码，就如抗体之匹配于抗原一样。

## 5.3 TDD 的优势

### 5.3.1 确定性

如果将 TDD 作为一项行业纪律，那么每天要写上几十个测试，每周要写上成百上千个测试，每年写上成千上万个测试。任何时刻，代码有任何修改，都必须运行手头有的全部测试。

FitNesse 是一个基于 Java 的验收测试工具，我是其主要作者和维护者。在我写本书时，FitNesse 拥有 6.4 万行代码，其中 2.8 万行代码是单元测试代码，共计有超过 2200 个独立的单元测试用例。这些测试至少覆盖了 90%的产品代码[1]，90 秒便可以完整执行一遍。

任何时刻，一旦修改了 FitNesse 的任何部分，只需再次运行全部的单元测试即可。如果单元测试全部通过，我差不多就可以确信我的修改没有破坏任何东西。"差不多少确信"是有多少把握？我相当有把握，足以交付了！

完成 FitNesse 的 QA 过程只需执行一条命令：`ant release`。这个命令会对 FitNesse 从头开始进行完整构建，然后运行全部的单元测试和验收测试。如果这些测试全部通过，我就确信它可以随时交付。

### 5.3.2 缺陷注入率

现在，FitNesse 还不是一个性命攸关的应用。如果有一个 bug，也没人会因此送命，没人会因此损失数百万美元。因此无须更多判断，单凭测试全部通过，我便敢冒可能的风险发布代码。另一方面来说，FitNesse 目前有成千上万的用户，尽管去年新增了 2 万行新代码，但是我的 bug 列表上只有 17 个 bug（而且许多 bug 实质上是很表面的）。因此我很清楚自己的缺陷注入率是非常低的。

这并非个案。有不少报告和研究[2]称 TDD 能够显著降低缺陷。从 IBM 到微软，从 Sabre 到 Symantec，一家又一家公司，一个又一个团队，经历过缺陷下降为原来的 1/2、1/5 甚至 1/10

---

1 90%是最小值。事实上的数值比这个大。由于覆盖率工具无法查看在外部进程中或在异常捕获处理区块中的代码，确切的数值难以统计出来。

2 [Maximilien]，[George2003]，[Janzen2005]，[Nagappan2008]

的过程。这些数字不能不让专业人士动容。

### 5.3.3　勇气

看到糟糕代码时，你为什么不修改呢？看到混乱的函数时，你的第一反应是："真是一团糟，这个函数需要整理。"你的第二反应是："我不会去碰它！"为什么？因为你知道，如果去动它，就要冒破坏它的风险；而如果你破坏了它，那么它就缠上你了。

但是如果你能确信自己的整理工作没有破坏任何东西，那又会是怎样一种情况呢？如果你拥有我刚才提到的那种把握，会怎样呢？如果你只需点击一个按钮，然后 90 秒内便可以确信自己的修改没有破坏任何东西，只是让代码变得更好了，那么又会是怎样的一种情况呢？

这是 TDD 最强大之处。拥有一套值得信赖的测试，便可完全打消对修改代码的全部恐惧。当看见糟糕的代码时，就可以放手整理。代码会变得具有可塑性，你可以放心打磨出简单而满意的结果。

当程序员不再惧怕整理代码时，他们便会动手整理！整洁的代码更易于理解，更易于修改，也更易于扩展。代码更简洁了，缺陷也更少了。整个代码库也会随之稳步改善，杜绝业界常见的放任代码劣化而视若不见的状况。

专业程序员怎么能够容忍代码持续劣化呢？

### 5.3.4　文档

你用过第三方合作伙伴的框架吗？通常第三方合作伙伴会发给你一份由文档工程师编写的版式十分漂亮的手册。这些手册通常都配图精美制作精良，解释框架的配置、部署、操作方法及其他用途。在最后的附录部分通常是排版杂乱的部分，包含了全部的代码示例。

翻开手册时，你首先会看哪里？如果你是程序员，应该先看代码示例。因为你知道代码不会撒谎，代码说真话。文档配图也许很精美，但是想要知道如何使用代码，你就需要阅读代码。

遵循 TDD 三项法则的话，所编写的每个单元测试都是一个示例，用代码描述系统的用法。如果遵循三项法则，那么对于系统中的每个对象，单元测试都可以清楚描述对象的各种创建方法。对于系统中的每个函数，单元测试可以清楚描述函数的各种有意义的调用方式。对于需要知道的任何用法，单元测试都会提供详尽的描述。

单元测试即是文档。它们描述了系统设计的最底层设计细节。它们清晰准确，以读者能够理解的语言写成，并且形式规整可以运行。它们是最好的底层文档。哪个专业人士不想提供一份这样的文档呢？

## 5.3.5　设计

当你遵循三项法则并且做到了测试先行时，还会感到进退维谷。通常情况下，你对于想要写的代码十分清楚，但是三项法则却要求你先写出目前无法通过的单元测试，因为要测试的代码尚未诞生！这意味着必须测试将要编写的代码。

测试代码的一个问题是必须隔离出待测试的代码。如果一个函数调用了其他函数，单独测试它通常会比较困难。为了编写测试，你必须找出将这个函数和其他函数解耦的办法。换言之，测试先行的需要，会迫使你去考虑什么是好的设计。

如果不先写测试，就有可能出现各个函数耦合在一起最终变成无法测试的一大团的问题。如果后面再写测试，你也许能够测试整个大块的输入和输出，但是很难测试单个函数。

因此，遵循三项法则并且测试先行，便能够产生一种驱动力，促使你做出松耦合的设计。哪个专业人士不想采用能够促使他们做出更好设计的工具？

"但是我可以稍后再写测试啊。"你也许会这样说。不，不可能。实际上也不是绝对不可以，没错，你是能够稍后写些测试。如果很仔细地来看，也许后写测试还可以达到较高的覆盖率。但是事后写的测试只是一种防守。而先行编写的测试则是进攻，事后编写测试的作者已经受制于已有代码，他已经知道问题是如何解决的。与采用测试先行的方式编写的测试代码比起来，后写的测试在深度和捕获错误的灵敏度方面要逊色很多。

## 5.3.6　专业人士的选择

本节要点可以归结为一句话：TDD 是专业人士的选择。它是一项能够提升代码确定性、给程序员鼓励、降低代码缺陷率、优化文档和设计的原则。对 TDD 的各项尝试表明，不使用 TDD 就说明你可能还不够专业。

## 5.4　TDD 的局限

尽管 TDD 有诸多优点，但是它既非宗教信仰，也非魔力公式。遵循这三项法则并不能担保一定会带来上述好处。即使做到了测试先行，仍有可能写出糟糕的代码。没错，因为写出的测试代码可能就很糟糕。

　　另外，在某些场合照这三项法则去做会显得不切实际或不合适。这种情况很少，但确实存在。如果遵循某项法则会弊大于利，专业的开发人员就当然不会选用它。

# 5.5　参考文献

**[Maximilien]**：E. Michael Maximilien, Laurie Williams, "Assessing Test-Driven Development at IBM."

**[George2003]**：B. George, and L. Williams, "An Initial Investigation of Test-Driven Development in Industry."

**[Janzen2005]**：D. Janzen and H. Saiedian, "Test-driven development concepts, taxonomy, and future direction," *IEEE Computer*, Volume 38, Issue 9, pp. 43–50.

**[Nagappan2008]**：Nachiappan Nagappan, E. Michael Maximilien, Thirumalesh Bhat, and Laurie Williams, "Realizing quality improvement through test driven development: results and experiences of four industrial teams," Springer Science + Business Media, LLC 2008.

# 第 **6** 章

# 练习

专业人士都需要通过专门训练提升自己的技能，无一例外。乐手练习音阶，球员练习绕桩，医生练习开刀和缝针，律师练习论辩，士兵练习执行任务。要想表现优异，专业人士就会选择练习。本章要讲的是程序员如何提升专业技能。

## 6.1 引子

在软件开发中，练习并不是什么新鲜的概念，但是，只有进入 21 世纪之后，我们才意识到什么是练习。K&R 一书第 6 页上出现的，或许是软件开发历史上的第一个正式练习。

```
main ()
{
  printf ("hello, world\n");
}
```

哪个程序员没写过这样的程序？遇到新环境或者新语言，人人都会写出这个程序然后执行，以此证明自己什么程序都可以编写和运行。

在我还很年轻的时候，遇到新电脑时最先写的程序就是 SQINT，用来求整数的平方。我可以用汇编、BASIC、FORTRAN、COBOL 还有其他很多语言来写这个程序。它也可以证明，我想让电脑干什么，就可以让它干什么。

到了 20 世纪 80 年代早期，个人电脑开始出现在百货商店里。每次走过 VIC-20、Commodore-64、TRS-80 这类机器，我都会写一段小程序，让它在屏幕上不停地输出 "\" 或 "/" 字符。这些字符组成的图案很漂亮，而且似乎比生成它的程序复杂许多。

虽然这些小程序只是练手用的，但程序员基本都不做练习。实话说，大家从没想过要练习。写程序已经够忙的了，哪还有时间去考虑练习技能。退一步说，练习又有什么好处呢？那时候，写程序并不需要多快的反应，也不需要多灵活的手指。在 20 世纪 70 年代之前，程序员都没有能直接在屏幕上编辑文本的工具。编译、调试那些冗长而繁杂的程序，就需要消耗大量的时间。测试驱动开发的短周期迭代法也还没有发明出来，所以，尽管练习能够带来协调的开发节奏，但这种节奏没什么意义。

## 6.1.1  10 的 22 次方

可是，现在写程序已经不同于那时候了。有些方面变化尤其明显，有些方面则没什么变化。

我最早写程序用的电脑是 PDP-8/I。它的时钟周期是 1.5 毫秒，以 12 位为一个字，核心内存容量为 4096 个字。整个机器和电冰箱差不多大，消耗的电力惊人。它的磁盘驱动器可以存储 32K 个字，输入输出是通过每秒 10 个字符的电传打字机进行的。在我们眼里，这机器功能强大，可以完成各种复杂的任务。

不久前，我刚买了台 MacBook Pro 笔记本电脑，配置是 2.8 GHz 的双核处理器，8G 内存，512G 的 SSD 硬盘，1920×1200 分辨率的 17 寸显示器，能耗不到 85 瓦。平时，我把它装在背包里；现在，它就在我腿上。

相比 PDP-8/I，我的笔记本的处理速度提高了 8000 倍，内存提高了 200 万倍，存储能力提高了 1600 万倍，能耗降低为原来的 1%，占据的空间只有原来的 1%，价格也只有 1/25。来算算：

$$8000 \times 2\,000\,000 \times 16\,000\,000 \times 100 \times 100 \times 25 = 6.4 \times 10^{22}$$

这真是个巨大的数字。22 个数量级是什么概念呢：是从这里到半人马座阿尔法星的距离（以埃为单位），是 1 美元硬币里的电子数，是地球质量与个人质量的比例。这数字无比巨大，而这台笔记本就在我的腿上。或许，你也有一台。

那么，我用这台性能提高了 22 个数量级的机器来干什么？其实和在 PDP-8/I 上做得差不多。还是写 if 判断、while 循环、赋值语句。

现在我们有了更好的工具，更好的语言。可是，语句的本质并没有随时间而改变。20 世纪 60 年代的程序员完全可以看懂 2012 年的代码。我们真正打交道的东西，40 年来没有多少改变。

## 6.1.2 转变

但是我们工作的方式已经截然不同了。在 20 世纪 60 年代，可能要等上一两天才能看到编译的结果。到了 70 年代末期，5 万行的程序可能需要 45 分钟来编译。甚至在 20 世纪 90 年代，仍然经常要花大量时间来构建。

但是今天，编译不再需要程序员等待[1]。今天的程序员的指尖下拥有巨大的能量，几秒钟内就能知道本次重构是否成功。

举例来说，我有个叫 FitNesse 的 Java 项目，代码共有 6.4 万行。包含所有单元测试和集成测试的一次完整构建，耗时不到 4 分钟。如果这些测试全部通过，我就可以发布这个项目。所以，从源代码到部署的整个 QA 过程，只要不到 4 分钟。编译所花的时间几乎可以忽略，局部测试只需要几秒。所以我差不多每分钟可以执行十次编译/测试。

当然，保持这样的速度不见得是好事。通常，更好的做法是慢下来，仔细思考[2]。但

---

1 现在仍然有些程序员必须等待构建，这是悲剧，也是不够仔细的征兆。如今，构建时间应该用秒来衡量，而不是分钟，更不是小时。
2 Rich Hickey 称这种技巧为 HDD（Hammock-Driven Development，吊床驱动开发）。

是也有些时候，尽可能快地重复编译/测试的过程，可以带来很高的生产率。

任何事情，只要想做得快，都离不开练习。要想尽可能快地重复编码/测试过程，就必须能迅速做出决定。这需要识别各种各样的环境和问题，并懂得应付。

如果有两个习武者在搏斗，每个人都必须能够迅速识别出对方的意图，并且在百分之一秒内正确应对。在搏斗时，你不可能有充足的时间来研究架势，思考如何应对。这时候，你只能依靠身体的反应。实际上，真正做出反应的是你的身体，大脑是在更高级的层面上思考。

在每分钟进行许多次编码/测试的状态下，你身上的肌肉记忆了要敲哪个键。意识中较基础的部分识别情景，在百分之一秒的时间内做出合适的反应，大脑则可以放心思考更高层次的问题。

无论是搏斗还是编程，速度都来源于练习。而且，两种练习并没有什么差别。我们选择了一系列的问题及其解决方案，一而再、再而三地练习，直到烂熟于心。

不妨想想 Carlos Santata[1]这样的吉他手。他头脑中的音乐可以直接传达到指尖。他不关心手指的姿势或者拨弦的技巧，大脑可以专心考虑高级的乐章与韵律，身体会把这些意图转变为手指的具体动作。

要这样自如地弹奏，也需要练习。乐手需要反复地弹奏音阶、各种练习曲、重复的节奏，直到烂熟于胸。

## 6.2　编程柔道场

从 2001 年开始，我一直在向大家演示测试驱动开发，我称它为"保龄球"[2]。这个小练习很有意思，大概需要 30 分钟。在测试阶段会经历冲突，在构建阶段达到高潮，结果却出乎大家的意料。在[PPP2003]中，我用了一整章来介绍它。

这些年来我演示过几百次，也有可能是几千次，现在已经非常熟练了，甚至睡梦中都可以进行。敲键的次数已经减到最少，变量的名字反复思考过，算法的结构也经过了优化，直到完全符合要求。尽管那时候我并没有意识到，这是我的第一个卡塔。

---

1　卡洛斯•桑塔纳，著名的吉他手、音乐人。20 世纪 60 年代他与其他几名乐手组成了 Santana 乐队，其音乐激情四射，尤其吉他演奏"像行云流水般流畅"，整个 Santana 乐队的唱片总销量超过 9 000 万张。——译者注

2　它已经成了非常流行的卡塔，用 Google 可以找到它的各种实例。

2005 年我出席在英国谢菲尔德举办的 XP2005 大会，会上我参加了 L.B. 和 E.G 主持的"编程柔道场"（Coding Dojo）的主题活动。他们要求每个人打开自己的笔记本电脑，跟他们一起用测试驱动开发来编写 Conway's Game of Life。他们称其为"卡塔"，并且将最初的灵感归功于"讲求实用的"Dave Thomas[1]。

从那时候开始，许多程序员都习惯了用搏斗为例来讲解这种专题练习。"编程柔道场"这个名字看来很震撼人。就像习武的人那样，有时候一群程序员聚在一起练习，也有些时候是独自练习。

大概一年以前，我在 Omaha 培训一组程序员。在中午，他们邀请我加入编程柔道场。我看到二十来个程序员打开笔记本电脑，跟着带头的人做"保龄球"卡塔，一个键一个键地敲下去。

在柔道场里有各种各样的活动，下面简单介绍几个。

## 6.2.1　卡塔

在武术里，卡塔是一套设计好的、用来模拟搏斗一方的招式。目标则是要逐步把整套招式练习到纯熟。习武者努力训练自己的身体来熟悉每一招，把它们连贯成流畅的套路。训练有素的卡塔看起来相当漂亮。

漂亮还是其次，练习卡塔并不是为了舞台表演。训练意识和身体是为了真正搏斗时能够正确应对。它的目的在于，在需要的时候，可以凭借本能完美出招。

与之类似，编程卡塔也是一整套敲击键盘和鼠标的动作，用来模拟编程问题的解决过程。练习者不是在解决真正的问题，因为你已经知道了解决方案。相反，你是在练习解决这个问题所需的动作和决策。

编程卡塔的最终目标，也是逐步练习以达到纯熟。反复的练习会训练大脑和手指如何动作和反应。在不断练习当中，你或许会发现动作的细微进步，或者解决问题效率的小幅提升。

要学习热键和导航操作，以及测试驱动开发、持续集成之类的方法，找整套的卡塔来练

---

1　Dave Thomas，大师级程序员，作家，著有《程序员修炼之道》（*The Pragmatic Programmer*），他的出版社还管理着 The Pragmatic 丛书的出版，所以此处说他是"讲求实用的"（Pragmatic）。以区别另一位同名的 IBM OTI Labs 的创立者。——译者注

习都是相当有效的。更重要的是，它特别有利于在潜意识中构筑通用的问题与解决方案间的联系，以后在实际编程中遇到这类问题，你马上就知道要如何解决。

和习武者一样，程序员应该懂得多种不同的卡塔，并定期练习，确保不会淡化或遗忘。我钟爱的一些卡塔如下。

❑ 保龄球。

❑ 素因子。

❑ 自动换行。

真正的挑战是把一个卡塔练习到炉火纯青，让自己可以窥见其中的韵律。要做到这一点可不容易。

## 6.2.2　瓦萨

我学习忍术（jujitsu）时，在练习场上会花很多时间用于两个人练习瓦萨（wasa）。瓦萨基本可以说是两个人的卡塔。其中的招式需要精确地记忆，反复演练。一个人负责攻，另一个人负责守。攻守双方互换时，各种动作要一而再、再而三地重复。

程序员可以用一种叫"乒乓"的游戏来进行类似的练习：两个人选择一个卡塔，或者一个简单问题，一个人写单元测试，另一个人写程序通过单元测试，然后交换角色。

如果选择标准的卡塔，结果就是两人都去练习，点评对方敲键盘和挪鼠标的技巧和对卡塔的记忆准确性。不过，如果选择解决一个新的问题，游戏会更有意思一些。写单元测试的程序员会极力控制解决问题的方式，他也有足够的空间来施加限制：如果程序员选择实现一个排序算法，写测试的人可以很容易地限制速度和内存，给同伴施压。这样整个游戏就非常考验人……也可以说是非常有趣。

## 6.2.3　自由练习

自由练习（randori）就是不限制形式的搏击。在忍术的柔道训练场中，可以设立一系列的搏斗场景，然后亲身参与。有时候一个人被告知要防御，其他人则轮流攻击他。有时候由两个或更多的人攻，一个人守（通常是老师防守，他几乎总是会赢）。还有些时候我们会安排二对二，以及其他的花样。

模拟搏斗与编程并不是特别贴合。不过，很多编程练习场中都会玩一种叫"自由练习"的游戏。它很像由两个参与者解决问题的瓦萨，只是自由练习是有很多人参与的，而且规则是可以延续的。在自由练习中，屏幕被投影到墙上，一个人写测试，然后坐下来，另一个人写程序通过测试，再写下一个测试。桌子边的人一个个轮流接下去，或者有兴趣的人可以自己排队参加。无论怎么安排，都是非常有趣的。

从这种练习中可以学到很多东西。你会深入地了解人们解决问题的过程，进而掌握更多的方法，提升专业技能。

# 6.3  自身经验的拓展

职业程序员通常会受到一种限制，即所解决问题的种类比较单一。老板通常只强调一种语言、一种平台，以及程序员的专门领域。经验不够丰富的程序员，履历和思维中都存在某种贻害无穷的盲区。经常可以看到这样的情景：程序员发现，面对行业的周期性变化造成的新局面，自己并没有做好准备。

## 6.3.1  开源

保持不落伍的一种方法是为开源项目贡献代码，就像律师和医生参加公益活动一样。开源项目有很多，为其他人真正关心的开源项目做一点贡献，应该可以算是提升技能的最好办法了。

所以，如果你是 Java 程序员，请为 Rails 项目做点贡献。如果你为老板写了很多 C++，可以找一个 Python 项目贡献代码。

## 6.3.2  关于练习的职业道德

职业程序员用自己的时间来练习。老板的职责不包括避免你的技术落伍，也不包括为你打造一份好看的履历。医生练习手术不需要病人付钱，球员练习绕桩（通常）不需要球迷付钱，乐手练习音阶也不需要乐迷付钱。所以老板没有义务为程序员的练习来买单。

既然你用自己的时间练习，就不必限制在老板规定的语言和平台。可以选择你喜欢的语言，练习你喜欢的技术。如果你工作用的.NET，可以在午餐时间或者在家里，练习写一点 Java 或者 Ruby。

## 6.4 结论

无论如何，专业人士都需要练习。他们这么做，是因为他们关心自己能做到的最好结果。更重要的是，他们用自己的时间练习，因为他们知道保持自己的技能不落伍是自己的责任，而不是雇主的责任。练习的时候你是赚不到钱的，但是练习之后，你会获得回报，而且是丰厚的回报。

## 6.5 参考文献

**[K&R-C]:** Brian W. Kernighan and Dennis M. Ritchie，*The C Programming Language*，Upper Saddle River, NJ: Prentice Hall, 1975.

**[PPP2003]:** Robert C. Martin，*Agile Software Development：Principles，Patterns, and Practices*，Upper Saddle River, NJ: Prentice Hall, 2003.

第 **7** 章

# 验收测试

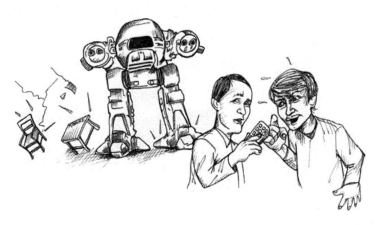

专业开发人员既要做好开发，也要做好沟通。"输入糟糕，输出也会糟糕"对程序员同样适用，所以职业程序员会重视与团队及业务部门的沟通，确保这种沟通的准确、流畅。

## 7.1　需求的沟通

开发方与业务方之间最常见的沟通是关于需求的。业务方描述他们认为自己需要的东西，程序员按照自己理解的业务方表达的需求来开发。至少从理论上来说，应该是这样。但在现实里，关于需求的沟通是极其困难的，其中会出现各种问题。

1979 年，我在 Teradyne 工作的时候，负责安装与现场服务的主管 Tom 来找我，让我教他用 ED-402 文本编辑器来做个简单的问题登记管理系统。

他们用的是 Teradyne PDP-8 电脑的克隆——M365。ED-402 是专门为 M365 开发的编辑器，它功能强大，内置一门脚本语言，我们可以用这门语言编写各种简单的文本应用。

Tom 并不是程序员，不过他认为，这个应用很简单，所以我应该可以很快教会他，然后他就能自己开发应用了。一开始，我也是这么想的。毕竟，脚本语言不会比带有编辑命令的宏更复杂，无非是加了些简单的判断和循环结构而已。

于是，我和他坐在一起，问他打算开发什么应用，他便从入口界面开始讲起。我向他演示如何新建包含脚本语句的文本文件，以及怎样在脚本中加入表示编辑命令的符号。但是，我看他的反应却是一脸木然。显然，之前我的讲解是白费工夫。

这种问题我还是头一次遇到。在我看来，用符号表示编辑命令非常简单。比如，要表示 Control-B（此命令把光标移到当前行的开头），就需要在脚本文件中输入^B。但是 Tom 完全理解不了，他会编辑某个文件，却不能理解编辑某个用来编辑其他文件的文件。

Tom 并不傻。我猜他肯定意识到了，事情比他之前想的要复杂许多，用一个编辑器来操作其他编辑器异常麻烦，他不打算投入时间和精力来学习。

慢慢地我发现，是我在给他开发整个系统，而他只是坐在那儿看着。20 分钟过去之后，他的关注点明显已经转移了，从学习如何自己做变成了确认我做的是否符合他的要求。

我们花了整整一天的时间。他描述一项功能，然后看着我实现。这样的循环，每个周期的时间不到 5 分钟，所以他也没什么时间起身干别的。他先让我开发某个功能，5 分钟后，我真正实现这个功能。

Tom 一般是把想要的画在草稿纸上。其中有一些在 ED-402 上实现起来很难，所以我会建议想点别的办法。最终他会认可某个办法，然后由我来实现。

但到了测试的时候，他会改变主意。他会说："噢，这里少了我想要的环节，来想想别的办法吧。"

一个小时又一个小时过去，系统就这样东一榔头西一棒子地做了出来：我们先尝试一个方案，不行再换，不行再换。我很清楚，他是个雕塑家，而我就是他手上的凿子。

最后，他拿到了想要的应用程序，但完全不知道怎么编写另一个程序。而我也好好上了一课，见识到客户怎么发现他们想要的东西，我明白了，他们对功能的设想，其实经不起电脑前真刀真枪的考验。

## 7.1.1 过早精细化

做业务的人和写程序的人都容易陷入一个陷阱，即过早进行精细化。业务方还没有启动项目，就要精确知道最后能得到什么；开发方还没有评估整个项目，就希望精确知道要交付什么。双方都贪求不现实的精确性，而且经常愿意花大价钱来追求这种精确。

### 1．不确定原则

问题在于，东西画在纸上与真正做出来，是不一样的。业务方看到真正的运行情况时就会意识到，自己想要的根本不是这样的。一看到已经满足的需求，关于到底要什么，他们就会冒出更好的想法——通常并不是他们当时看到的样子。

在工作中，有一种现象叫观察者效应，或者不确定原则。每次你向业务方展示一项功能，他们就获得了比之前更多的信息，这些新信息反过来又会影响他们对整个系统的看法。

最终结果就是，需求完成得越精细，就越容易被忽视，系统因此也谈不上完工。

### 2．预估焦虑

开发人员也会掉进精确化的陷阱。他们知道必须评估整个系统，而且通常认为需要精确评估。但是，事实并非如此。

首先，即便拥有全面准确的信息，评估也通常会存在巨大的变数。其次，因为不确定原则的存在，不可能通过反复推敲实现早期的精确性。需求是**一定会**变化的，所以追求那种精确性是徒劳的。

专业开发人员知道，评估可以而且必须基于不那么精确的需求，这些评估**只是评估**而已。为强调这点，职业开发人员通常会在评估中使用误差棒[1]，这样业务方就能理解不确定性（可以参考第 10 章"预估"）。

## 7.1.2 迟来的模糊性

避免过早精细化的办法是尽可能地推迟精细化。专业开发人员直到着手开发的前一刻才会把需求具体化。但是，这可能造成另一个问题：迟来的模糊性。

---

1 error bar，一种直观表示测量中的误差或不确定性的图表。——译者注

业务方常常会提出不同意见。这时候他们会发现，相比解决分歧，更好的办法是换一种说法，所以会寻找各方都同意的关于需求的表述，而不是去解决争端。我曾听到 Tom DeMarco[1] 说："需求文档中的每一点模糊之处，都对应着业务方的一点分歧。当然，模糊不只来自于分歧或争论。有时候，业务方会想当然地认为看文档的人懂得自己的意思。"[2]

在具体的语境中看来，意思可能是非常清楚的，但是对阅读文档的程序员来说，意思可能截然不同。即便客户与程序员当面沟通，也可能出现因语境产生的模糊。

Sam（业务方）：OK，这些日志文件应该备份起来。

Paula：没问题，多久备份一次？

Sam：每天一次。

Paula：行。备份到哪里呢。

Sam："哪里"是什么意思？

Paula：你希望备份到特定的目录吗？

Sam：嗯，可以。

Paula：那么取个什么名字呢？

Sam：叫 backup 怎么样？

Paula：没问题，挺好的。照这么说，我们每天把日志文件写到备份目录里。什么时候执行呢？

Sam：每天。

Paula：不，我的意思是，每天的几点执行？

Sam：随便几点。

Paula：那么中午？

Sam：不，别在交易时间备份。午夜更好点。

Paula：好的，那就午夜吧。

Sam：太好了，多谢。

---

1　软件工程领域权威《人件》和《项目百态：深入理解软件项目行为模式》作者。——编者注
2　XP Immersion 3, May, 2000.

Paula：不客气。

稍后，Paula 把这项任务交待给同事 Peter。

Paula：OK，我们每天午夜需要把备份文件复制到 backup 目录。

Peter：没问题，备份文件叫什么名字呢？

Paula：叫 log.backup 应该可以了。

Peter：就这么办。

在另一间办公室，Sam 在跟客户通电话。

Sam：是的，是的，日志文件是会保存的。

Carl：OK，千万不能丢失任何日志。如果遇到什么意外、事故、纠纷，我们就需要用到几个月甚至几年前的日志。

Sam：别担心，我告诉 Paula 了。她会在每天午夜把日志文件存到 backup 目录。

Carl：OK，听起来不错。

我想，你已经发现偏差走样了。客户希望备份所有的日志文件，Paula 想的却是，客户希望保存昨晚的日志文件。等到客户检查几个月前的日志备份的时候，就会发现只有前一天晚上的。

在这个例子中，Paula 和 Sam 都搞错了需求。专业开发人员（也包括业务方）必须确认，需求中没有任何不确定因素。

这很困难，而且据我所知，只有一种办法能解决。

## 7.2 验收测试

验收测试这个名词用得太多太泛了。有人认为，验收测试就是在接受正式发布之前由用户执行的程序，也有人认为它是 QA 测试。在本章，我们把验收测试定义为业务方与开发方合作编写的测试，其目的在于确定需求已经完成。

### 7.2.1 "完成"的定义

身为专业开发人员，我们经常面对的不确定因素之一是"完成"的各种说法。开发人员说他已经完成任务了，他想表达的是什么意思？是指开发人员已经有足够的信心把这项功能部署到生产系统，还是他可以准备 QA 程序，或者是他已经写完了代码并且跑通了，但还没有真正测试过？

不同的团队对"完成"（done 和 complete）的定义各不相同，我曾经历过许多。其中一支团队甚至有"完成"和"真正完成"两种说法。专业开发人员的"完成"只能有一个含义：完成，就是完成。

完成意味着所有的代码都写完了，所有的测试都通过了，QA 和需求方已经认可。这，才是完成。

那么，怎样能达到这种程度的完成，同时不影响迭代的速度呢？你应该编写整套的自动化测试，它们全都通过，就意味着满足了所有的要求。如果对功能的验收测试全部通过，就算真正完成了。

专业开发人员会根据自动化的验收测试来定义需求。他们与业务方和 QA 一起工作，确保自动化测试能够真正覆盖完成所需的各项指标。

Sam：现在这些日志文件需要备份。

Paula：OK，多久备份一次？

Sam：每天。

Paula：没问题。要备份到哪里呢？

Sam："哪里"是什么意思？

Paula：是要备份到特定的目录吗？

Sam：是的，这样挺好。

Paula：取个什么名字呢？

Sam：叫 backup 怎么样？

Tom（测试人员）：等等，backup 这个名字太空了，这个目录里到底要存放什么呢？

Sam：就是备份。

Tom：什么的备份？

Sam：日志文件的备份。

Paula：但是只有一个日志文件。

Sam：不对，应该有许多，每天都有一个文件。

Tom：你是说，只有一个正在使用的日志文件，但是有许多备份的日志文件？

Sam：当然。

Paula：噢，我还以为你只想要一个临时的备份。

Sam：不是这样的，客户希望永久保存所有的备份。

Paula：我之前弄错了。好在现在都清楚了。

Tom：所以备份目录的名字应该说明里面存了什么。

Sam：它保存了所有非活动的日志文件。

Tom：那么叫 old_inactive_logs 好了。

Sam：好名字。

Tom：那么，什么时候建立这个目录呢？

Sam：嗯？

Paula：系统启动的时候就应该建立它，但前提是没有重名的目录。

Tom：OK，第一个测试就出来了。我会启动系统，看看是否建立了 old_inactive_logs 目录。然后我会在里面加一个文件。然后关机，再启动，得确保目录和文件都在。

Paula：这样测试要花不少的时间。系统启动就需要 20 秒，而且将来花的时间会更长。另外，我真的不希望每次跑验收测试都要重新构建整个系统。

Tom：那么你的建议是？

Paula：我们会写一个 SystemStarter 类。主程序启动时，会加载它以及符合 Command 模式的一系列 StartupCommand 对象。那么，系统启动时 SystemStarter 会运行所有的 StartupCommand。如果 old_inactive_logs 目录不存在，StartupCommand 的某个派生类会建立它。

Tom：OK，我要测试的就是 StartupCommand 的那个派生类。我可以给它写个简单的 FitNesse 测试。

（Tom 走到白板前。）

第一步是这样的：

条件：命令 LogFileDirectoryStartupCommand

条件：old_inactive_logs 目录不存在

事件：命令执行

结果：新建 old_inactive_logs 目录，而且此目录为空

第二步是这样的：

条件：命令 LogFileDirectoryStartupCommand

条件：old_inactive_logs 目录存在，且包含文件 x

事件：命令执行

结果：old_inactive_logs 目录必须保存下来，而且包含文件 x。

Paula：是，这样应该足够了。

Sam：哇，真的需要这样吗？

Paula：Sam，你觉得这两步中哪一步是多余的？

Sam：我只是想说，设计和编写这些测试似乎得花很多工夫。

Tom：是的。但是总比写一份人工测试计划要好。而且，重复执行人工测试花的工夫要多得多。

## 7.2.2 沟通

验收测试的目的是沟通、澄清、精确化。开发方、业务方、测试方对验收测试达成共识，大家都能明白系统的行为将会是怎样。各方都应当记录这种准确的共识。在专业开发人员看来，与业务方、测试方协同工作，确保大家都明白要做的是什么，是自己的责任。

## 7.2.3 自动化

验收测试都应当自动进行。在软件开发的周期中，确实有时候需要手动测试，但是验收测试不应当手工进行，原因很简单：要考虑成本。

看看图 7-1。你看到的手是某家大型互联网公司 QA 主管的，他拿着的是手工测试计划的内容表格。他手底下有一堆离岸测试人员，每 6 周把全套测试计划执行一次，每次需要 100 万美元。他拿着这个来找我，是因为刚刚开了个会，上司告诉他预算要砍掉 50%。他问我：要砍掉哪一半的测试项目呢？

图 7-1　手工测试计划

说这是"灾难"似乎有点夸张。手工测试的成本太高，所以他们宁愿放弃知晓产品运行的一半情况，也要砍掉一半的测试。

专业程序员会避免这种情况。相比手动测试，自动化测试的成本非常低，让人手工执行测试脚本不划算。专业开发人员认为，实现验收测试的自动化是自己的责任。

有许多开源的或商业的工具可以完成自动化的验收测试。随便列几个：FitNesse、Cucumber、cuke4duke、robot framework 和 Selenium。借助这些工具，你可以用非程序员也能阅读、理解、编写的方式来实现自动化测试。

## 7.2.4　额外工作

Sam 对于工作的态度是可以理解的。写这么多测试，看起来的确是大量额外工作。但是从图 7-1 可知，这根本不是什么额外工作。写这些测试是为了确定系统的各项指标符合要求。确定这些细节指标的目的，是为了确定系统的指标；只有确定这些细节指标，我们这些程序员才能确知"完成"；只有确定这些细节指标，业务方才能确认他们花钱开发的系统确实满足了需求；只有确认这些指标，才可以真正做到自动化测试。所以，不要把它们看作额外的工作，而应当看成节省时间和金钱的办法。这些测试可以避免你的开发误入歧途，也可以帮你确认自己已经完工。

## 7.2.5  验收测试什么时候写，由谁来写

在理想状态下，业务方和 QA 会协作编写这些测试，程序员来检查测试之间是否有冲突或矛盾。但实际上，业务方通常没有时间，或者有时间也难以达到所需要的细致程度，所以他们通常会把测试交给业务分析员、QA 甚至是开发人员。如果只能由开发人员来写测试，应当确保写测试的程序员与开发所测试功能的程序员不是同一个人。

通常，业务分析员测试"正确路径"，以证明功能的业务价值；QA 则测试"错误路径"、边界条件、异常、例外情况，因为 QA 的职责是考虑哪些部分可能出问题。

遵循"推迟精细化"的原则，验收测试应该越晚越好，通常是功能执行完成的前几天。在敏捷项目中，只有在选定了下一轮迭代（Iteration）或当前冲刺（Sprint）所需要的功能之后，才编写测试。

迭代开始的第一天，就应当准备好最初的几项验收测试。然后每天都应当完成一些验收测试，到迭代的中间点，所有的测试都应当准备完毕，如果这时候还没有准备好所有的测试，就必须抽调一些开发人员来补充编写测试。如果这种情况经常发生，这个团队应当增加 BA 或 QA。

## 7.2.6  开发人员的角色

实现某项功能的代码，应该在对应的验收测试完成后开始。开发人员运行这些验收测试，观察失败的原因，将验收测试与系统联系起来，然后实现需要的功能，让测试通过。

Paula：Peter，你能帮我一把吗？

Peter：当然可以，Paula，什么问题？

Paula：你看，这里有个验收测试通不过。

条件：命令 LogFileDirectoryStartupCommand

条件：old_inactive_logs 目录不存在

事件：命令执行

结果：新建 old_inactive_logs 目录，而且此目录为空

Peter：嗯，全都是红的。这里没写任何场景，我来写第一个。

|场景|给定命令 _|cmd|

|创建命令|@cmd|

Paula：我们真的有 createCommand 操作吗？

Peter：是的，我上周写的 CommandUtilitiesFixture 里面就有。

Paula：OK，现在再来测试一遍。

Peter（运行测试）：不错，第一条已经变绿了，来看下一个。

不要太过担心场景（Scenario）和辅助设备（Fixture），它们只是用来联系测试和所测试系统的工具。

这么说吧：工具的作用在于提供这样的方法，它按一定模式识别和解析测试程序，根据测试程序中指定的数据，调用被测试系统中的功能。使用工具不用花什么工夫，场景和辅助设备可以在许多测试中重用。

关键点在于，开发人员有责任把验收测试与系统联系起来，然后让这些测试通过。

## 7.2.7 测试的协商与被动推进

写测试的人也是普通人，也可能犯错误。有时候，你刚开始实现某个功能，就会发现有些测试没什么意义。有些太复杂，有些不灵活，有些包含愚蠢的假定，还有些干脆就是错的。如果你是开发人员，要想通过这类测试可不轻松。

身为专业开发人员，与编写测试的人协商并改进测试是你的职责。绝不能被动接受测试，更不能对自己说："噢，测试是这么要求的，我就得这么办。"

请记住，身为专业开发人员，你的职责是协助团队开发出最棒的软件。也就是说，每个人都需要关心错误和疏忽，并协力改正。

Paula：Tom，这个测试不太对劲。

　　　　确保 post 操作在 2 秒内完成。

Tom：我觉得没问题。我们的需求是，用户等待的时间不应该超过 2 秒。有什么问题吗？

Paula：问题是，我们只能从统计数字上保证不超过 2 秒。

Tom：嗯？看来是有点不确定。需求只说是 2 秒。

Paula：是的，我们可以保证 99.5% 的情况下按时完成。

Tom：Paula，需求不是这样的。

Paula：但事实是这样的。我没法保证其他的了。

Tom：Sam 该大发雷霆了。

Paula：不，其实我已经跟他谈过了。他说，只要普通用户的感觉在 2 秒以内就没问题。

Tom：OK，那测试要怎么写？我不可能说，一般情况下 post 操作在 2 秒内完成。

Paula：你可以根据统计数字来说。

Tom：你的意思，你要我做 1000 次 post 操作，确保时间超过 2 秒的次数小于 5？这不现实吧。

Paula：是不现实，这样最少也要花 1 个小时。下面这个办法如何？

　　　　执行 15 次 post 操作，记录耗时。

　　　　确保 2 秒的 Z score 在 2.57 以上。

Tom：哇，什么是 Z score？

Paula：就一个统计数字而已。换这个说法怎么样？

　　　　执行 15 次 post 操作，记录耗时。

　　　　以确保在 99.5% 以上的时间内耗时不到 2 秒。

Tom：好，这样好懂些了，但是，这背后的数学原理能靠得住吗？

Paula：我保证会给出测试结果的中间计算过程，如果你有疑问，可以仔细检查。

Tom：好，我觉得这样没问题。

## 7.2.8 验收测试和单元测试

验收测试不是单元测试。单元测试是程序员写给程序员的，它是正式的设计文档，描述了底层结构及代码的行为。关心单元测试结果的是程序员而不是业务人员。

验收测试是业务方写给业务方的（虽然可能最后是身为开发者的你来写）。它们是正式的需求文档，描述了业务方认为系统应该如何运行。关心验收测试结果的是业务方和程序员。

有人认为区分两种测试是多此一举，所以要消灭"重复劳动"。尽管单元测试和验收测试的对象通常是相同的，但绝对谈不上"重复"。

首先，尽管两者测试的可能是同一个对象，其机制和路径却是不同的。单元测试是深入系统内部进行，调用特定类的方法；验收测试则是在系统外部，通常是在 API 或者是 UI 级别进行。所以两者的执行路径是截然不同的。

不过，这两种测试并不重复的根本理由在于，它们的主要功能其实不是测试，测试只是它们的附属职能。单元测试和验收测试首先是文档，然后才是测试。它们的主要目的是如实描述系统的设计、结构、行为。它们当然可以验证设计、结构、行为是否达到了具体指标，但是，它们的真正价值不在测试上，而在具体指标上。

## 7.2.9 图形界面及其他复杂因素

预先详细指定 GUI 很难，虽然确实可以做到，但非常难做好。因为美是主观的，会不断变化。大家都喜欢摆弄 GUI，希望能修改和操作各种 GUI 元素，希望尝试不同的字体、颜色、布局、工作流。所以，GUI 通常是不断变化的。

可见，编写 GUI 的验收测试很麻烦。但如果把 GUI 当成 API 那样处理，而不是看成按钮、滚动条、格子、菜单，那验收测试就简单多了。这可能有点奇怪，但优秀的设计就是这样的。

有条设计原则是"单一责任原则"（SRP）。按照这条原则，应该把根据不同原因而变化的元素分开，把根据同一原因变化的元素归类分组。GUI 的设计也应该这样。

布局、格式、工作流，都会因为效率和美观的原因而变化，但是 GUI 背后的功能却不会因此变化。所以，在编写 GUI 的验收测试时，必须使用 GUI 背后相对稳定的抽象元素。

如果一个页面有七个按钮，写测试时，就不应当根据按钮的坐标来点击，而应当根据名字来点击。好一点的办法是，给每个按钮加上唯一 ID。更好的办法是赋予 ID 明确的意义：某个测试选择的是 ID 为 ok_button 的按钮，而不是控制区域内第 4 行第 3 列的按钮。

### 通过恰当的界面测试

更好的办法是，测试系统功能时，应当调用真实的 API，而不是 GUI。测试程序应当直接调用 GUI 使用的 API，这并不是什么新鲜事。几十年来，设计专家一直在教导我们，要把 GUI 和业务逻辑分开。

通过 GUI 来进行测试是非常容易出问题的，除非你要测试的仅仅是 GUI。因为 GUI 很容易变化，所以针对 GUI 的测试很不稳定。

如果 GUI 的每一次变化之后，都会有成百上千的测试通不过，那么最好放弃这些测试，或者不要改动 GUI。两者都只是补救，根本的办法还是借助 GUI 背后的 API 来测试业务逻辑。

有些验收测试规定了 GUI 自身的行为。这些测试必须通过 GUI。但是，这些测试并不是测试业务规则的，所以不需要业务规则关联到 GUI。可见，最好把 GUI 和业务规则解耦合，在测试 GUI 时，用测试桩替代业务规则。

应当尽可能地减少 GUI 测试。GUI 很容易变化，所以这类测试是不稳定的。GUI 测试越多，维护它们的难度就越大。

## 7.2.10　持续集成

请务必确保在持续集成系统中，单元测试和验收测试每天都能运行好几次。整套持续集成系统应该由源代码管理系统来触发。只要有人提交了代码，持续集成系统就会开始构建，并运行所有的测试，测试结果会用电子邮件发送给团队所有人。

### 立刻中止

保持持续集成系统的时刻运行是非常重要的。持续集成不应该失败，如果失败了，团队里的所有人都应该停下手里的活，看看如何让测试通过。在持续集成系统里，失败的集成应该视为紧急情况，也就是"立刻中止"型事件。

我做顾问的时候，遇到过这样的团队，他们并不严肃对待失败的测试。大家忙得没时间修正失败的测试，所以干脆不管它，想着过段时间再处理。有一次，团队甚至把失败的测试抽离了构建系统，因为失败的测试让人很不爽。结果，在发布给客户之后，他们才发现忘了把测试重新加回构建系统里。之所以会发现这点，是因为有位暴怒的客户打电话来投诉 bug。

## 7.3　结论

交流细节信息是件麻烦事。尤其是开发方和业务方交流关于程序的细节时，更是如此。通常，各方握手言欢，以为其他人都明白自己的意思。双方以为取得了共识，然后带着截然不同的想法离开，这种事太平常不过了。

要解决开发方和业务方沟通问题，我所知道的唯一有效的办法就是编写自动化的验收测试。这些测试足够正式，所以其结果有权威性。这些测试不会造成模糊，也不可能与真实系统脱节。它们，就是无可挑剔的需求文档。

第 **8** 章

# 测试策略

专业开发人员会测试自己的代码。但是，测试并不就是写一些单元测试或验收测试那么简单。编写这些测试只是万里长征的第一步。每个专业的开发团队都需要一套好的测试策略。

1989 年时我还在 Rational 公司工作，为发布 Rose 的第一个版本忙乎着。差不多每个月我们的 QA 经理都会召集一个"抓虫日"。团队中的每个人，从程序员到经理到秘书到数据库管理员，都要坐下给 Rose "抓虫"。对于各种类型的错误还设置了相应的奖励。谁找到会导致系统崩溃的错误，就可赢得二人晚餐的奖励。找出的错误最多，也许就可以获得在蒙特雷欢度周末的机会。

# 8.1　QA 应该找不到任何错误

我前面已经说过，但这里想再强调一遍。尽管公司可能设有独立的 QA 小组专门测试软件，但是开发小组仍然要把"QA 应该找不到任何错误"作为努力的目标。

当然，这个目标定得有点儿高。毕竟，如果有一群聪明人联合起来绞尽脑汁找出产品中所有的瑕疵和不足，他们肯定是能找出一些问题的。对 QA 找到的每一个问题，开发团队都应该高度重视、认真对待。应该反思为什么会出现这种错误，并采取措施避免今后重犯。

## 8.1.1　QA 也是团队的一部分

刚才的说法可能会令人感觉 QA 和开发人员似乎是彼此对立的，是敌对的关系。并非此意。相反，QA 和开发人员应该紧密协作，携手保障系统的质量。QA 在团队中要扮演的便是需求规约定义者（specifier）和特性描述者（characterizer）。

## 8.1.2　需求规约定义者

QA 的任务便是和业务人员一起创建自动化验收测试，作为系统真正的需求规约文档。每轮迭代中，他们都可以从业务人员那里收集需求，将之翻译为向开发人员描述系统行为的测试（参考第 7 章）。通常，业务人员编写针对正常路径的测试（happy-path test），而由 QA 编写针对极端情况（corner）、边界状态（boundary）和异常路径（unhappy-path）的测试。

## 8.1.3　特性描述者

QA 的另一项任务是遵循探索式测试的原则，描述系统运行中的真实情况，将之反馈给开发人员和业务人员。在这项任务中，QA 并没有解析需求，而是在鉴别系统的真实情况。

# 8.2　自动化测试金字塔

专业开发人员遵循测试驱动开发的要求来创建单元测试。专业开发团队使用验收测试定义系统需求，使用持续集成（第 7 章）保证质量稳步提升；同时，这些测试又属于全局测试体系。拥有一套单元测试和验收测试的同时，还需要有更高层次的测试，这样 QA 才找不出任何错误。图 8-1 显示的是自动化测试金字塔[1]，以图形化方式展现了专业开发组织中所需要的测试种类。

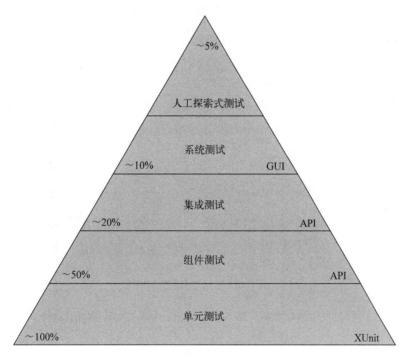

图 8-1　自动化测试金字塔

## 8.2.1　单元测试

在金字塔底部是单元测试，这些测试由程序员使用与系统开发相同的语言来编写，供程序员自己使用。编写这些测试的目的是在最低层次上来定义系统。开发人员是这样定义待写代码规约的：先编写测试，再编写产品代码。这些单元测试将作为持续集成的一部分来运行，用以确保程序员的代码意图没有遭到破坏。

单元测试是可行的，而且可以做到接近 100%的覆盖率。通常而言，这个数字应该保持在 90%以上。这里说的是真实的覆盖率，而不是那种虽然能通过但并不关心运行结果的错误

---

1 [COHN09] pp. 311-312

的单元测试。

## 8.2.2 组件测试

组件测试是验收测试的一种，第 7 章已经说过。通常，它们是针对系统的各个组件而编写的。系统的组件封装了业务规则，因此，对这些组件的测试便是对其中业务规则的验收测试。

如图 8-2 所示，组件测试围绕组件而写。它向组件中传入数据，然后收集输出数据。它会测试实际输出是否符合预期的输出。在组件测试中，需要使用合适的模拟（mocking）或测试辅助（test-doubling）技术，解开与系统的其他组件的耦合。

图 8-2　组件验收测试

组件测试由 QA 和业务人员编写，开发人员提供辅助。它们需要在 FitNesse、JBehave 或 Cucumber 等组件测试环境下编写（GUI 图形界面组件可以使用 Selenium 或 Watir 之类的 GUI 测试环境）。其目的是让不具备编写测试能力的业务人员也能理解这些测试。

组件测试差不多可以覆盖系统的一半。它们更主要测试的是成功路径的情况，以及一些明显的极端情况、边界状态和可选路径。大多数的异常路径是由单元测试来覆盖测试的。在组件测试层次，对异常路径进行测试并无意义。

## 8.2.3 集成测试

这些测试只对那些组件很多的较大型系统才有意义。如图 8-3 所示，这些测试将组件装配成组，测试它们彼此之间是否能正常通信。照例要使用合适的模拟对象和测试辅助，与系统的其他组件解耦。

集成测试是编排性（choreography）测试。它们并不会测试业务规则，而是主要测试组件装配在一起时是否协调。它们是装配测试，用以确认这些组件之间已经正确连接，彼此间通信畅通。

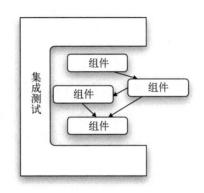

图 8-3　集成测试

集成测试一般由系统架构师或主设计师来编写，用以确认系统架构层面的结构是否正确无误。在这个层次上，也许已经可以进行性能测试和吞吐率测试了。

集成测试多使用与组件测试同样的语言和环境来编写，一般不会作为持续集成的一部分，因为集成测试的运行时间通常都比较长。但是，只要集成测试的编写人员认为有必要，这些测试就可以周期性（如每天一次或每周一次）运行。

## 8.2.4　系统测试

这些测试是针对整个集成完毕的系统来运行的自动化测试，是最终的集成测试。它们不会直接测试业务规则，而是测试系统是否已正确组装完毕，以及系统各个组成部件之间是否能正确交互。在这个层次的测试集中，应该包含吞吐率测试和性能测试。

系统测试由系统架构师和技术负责人来编写，一般使用和 UI 集成测试同样的语言和环境。测试周期视测试运行时间长短而定，相对而言不会过于频繁，但越频繁越好。

系统测试约占测试的 10%。其目的不是要确保正确的系统行为，而是要确保正确的系统构造。底层代码和组件的正确性已经有金字塔中较低层的测试来验证保障。

## 8.2.5　人工探索式测试

这是需要人工介入、敲击键盘、盯牢屏幕的测试。它们既非自动化的测试，亦非脚本化的测试。这些测试的意图，是要在验证预期行为的时候，探索系统预期之外的行为。为了达到这个目的，需要人类智慧的介入，需要使用人类的创新能力，对系统进行深入研究和探索。预先编写测试计划反而会削弱这类测试的效果。

有一些团队可能会安排专人来进行探索式测试。也有一些团队可能只会安排一两天的"抓虫"活动，让尽可能多的人参与其中，其中也许会包括管理人员、秘书、程序员、测试人员和技术写作人员，大家一哄而上，看是否会让系统崩溃。

覆盖率并非此类测试的目标。探索式测试不是要证明每条业务规则、每条运行路径都正确，而是要确保系统在人工操作下表现良好，同时富有创造性地找出尽可能多的"古怪之处"。

# 8.3　结论

TDD 很强大，验收测试是表达和强化需求的有效方式。但它们都只是整体测试策略的一部分。为了更好地做到"QA 应该找不到任何错误"，开发团队要和 QA 紧密协作，创建由单元测试、组件测试、集成测试、系统测试和探索式测试构成的测试体系。应该尽可能频繁地运行这些测试，提供尽可能多的反馈，确保系统始终整洁。

# 8.4　参考文献

[COHN09]：Mike Cohn, *Succeeding with Agile*, Boston, MA: Addison-Wesley, 2009.

第 **9** 章

# 时间管理

8 小时其实非常短暂，只有 480 分钟，28800 秒。身为专业开发人员，你肯定希望能在这短暂的时间里尽可能高效地工作，取得尽可能多的成果。有什么办法能确保不浪费这宝贵的时间呢？怎样才能有效地管理时间？

1986 年，我住在英格兰萨里郡的小桑彻斯特，管理着 Teradyne 在布拉科内尔的一支 15 人的开发团队。每天，我都要忙于应付数不清的电话、临时召开的会议、现场服务的问题以及各种干扰。为完成工作，我只能借助严格的时间管理原则。

❑ 我每天早上 5 点起床，骑自行车上班，6 点可以到布拉科内尔的办公室。这样，在一天的嘈杂开始之前，我有两个半小时安静的时间。

❑ 一到公司，我就拟定当天的计划。以一刻钟为单位，写下这段时间要做的事情。

❑ 头 3 个小时安排得满满的。从 9 点开始，每小时都会留出 15 分钟的机动时间，这样我就可以处理计划外最紧急的状况，同时不干扰计划内的工作。

❑ 午饭之后的时间没有安排，因为我知道那时候工作节奏并不快，我也得静心准备下午的工作。午后这段时间难得没有任何干扰，我会安心做最重要的事情，直到突发情况出现。

这种计划也有不奏效的时候。每天早上 5 点起床并不容易，有时突发事件需要一整天来处理，所以打乱了我的周密计划。但大多数时候，我都可以把握住工作。

# 9.1　会议

会议的成本是每人每小时 200 美元。这个数字包含了工资、福利、设备损耗等因素。下次开会的时候，不妨算算会议的成本，你会很吃惊的。

关于会议，有两条真理：

（1）会议是必需的；

（2）会议浪费了大量的时间。

通常，两条真理同时适用于同一场会议。有些与会者认为这两条总结得非常好，有些则认为它们是正确的废话。

专业开发人员同样清楚会议的高昂成本，他们同样清楚自己的时间是宝贵的，他们同样需要时间来写代码，来处理日程表上的事务。所以，如果会议没有现实且显著的成效，他们会主动拒绝。

## 9.1.1　拒绝

受到邀请的会议没有必要全部参加。参加的会议太多，其实只能证明你不够专业。你应该理智地使用时间，所以必须谨慎选择，应当参加哪些会议，礼貌拒绝哪些会议。

邀请你参加会议的人并不负责管理你的时间，为时间负责的只有你。所以，如果你收到会议邀请，务必确保出席会议可以给自己目前的工作带来切实且显著的成效，否则不必参与。

有些会议可能让你很感兴趣，但当下并没有参加的必要，这时候就要判断自己能否花得起时间。请仔细斟酌——参加这类会议，很可能会花掉太多的时间。

有些会议是关于你已经完成的某些事项的，对目前的工作并没有现实意义。这时候，就应当权衡自己项目的损失与他人的收益。这话有点儿不中听，但你理应把自己的项目摆在最重要的位置。当然，团队之间的互相帮助也是应当的，所以你可能需要与团队中其他同事和主管商量是否要参加这类会议。

还有些时候，有职权的人（比如其他项目的高级工程师或者主管）命令你必须参加某些会议。这时候应当问问自己，他们的职权是否比自己的工作计划更重要。同样，自己团队的同事和领导也可以帮忙决策。

领导的最重要责任之一，就是帮你从某些会议脱身。好的领导一定会主动维护你拒绝出席的决定，因为他和你一样关心你的时间。

## 9.1.2 离席

会议并不总是按计划进行的。有时候你正参加某个会议，但是发现如果之前对此会议知道得多一点，就不会来。还有时候，会议临时增加了议题，或者某个讨厌的家伙霸占了讨论。这些年来，我学到了一条简单规则：如果会议让人厌烦，就离席。

再说一次，仔细管理自己的时间是你的责任。如果你发现参加某个会议是在浪费时间，就应当想个礼貌的办法退出来。

显然，你不应该大喊"这会真让人厌烦"，没有必要采取粗鲁的办法。如果必须出席，可以选个恰当的时间来问问大家。你可以解释说，自己抽不出更多时间用于这场会议，问问有没有办法加快讨论，或者另选时间。

重要的是，你应当明白，继续待在会议室里是浪费时间；继续参加对你没有太多意义的会议，是不专业的行为。因为你有责任合理分配老板给你的时间和金钱，所以，选个合适的机会商量如何离席，并非不专业的做法。

## 9.1.3 确定议程与目标

我们之所以愿意承担开会的高昂成本，是因为有时候确实需要所有参与者坐在一起，来实现某个目标。为了合理使用与会者的时间，会议应当有清晰的议程，确定每个议题所花的时间，以及明确的目标。

如果收到会议邀请，务必弄清楚指定的议题是什么，每个议题花多长时间，要取得什么成果。如果得不到确切的答案，你可以礼貌拒绝。

如果你已经出席会议，但发现已经偏离或是放弃了原有议程，你应当要求详细列出新的议题和议程。如果没有答案，也应当在合适的时候礼貌离席。

## 9.1.4　立会

敏捷开发的武器库中包含"立会"：在开会时，所有参会者都必须站着。到场的人依次回答以下 3 个问题：

（1）我昨天干了什么？

（2）我今天打算干什么？

（3）我遇到了什么问题？

这就是全部会议内容。每个问题的回答时间不应当超过 20 秒，所以每个人的发言不超过 1 分钟。即便是 10 个人的小组，开一次这种会议的时间也不会超过 10 分钟。

## 9.1.5　迭代计划会议

在敏捷开发的武器库中，这大概是难度最大的会议了。如果做得不好，可能浪费大量的时间。开好这种会议需要技巧，这些技巧非常值得学习。

迭代计划会议用来选择在下一轮迭代中实现的开发任务。在会议召开前必须完成两项任务：评估可选择任务的开发时间，确定这些任务的业务价值。如果组织得足够好，验收/组件测试也应当在会议召开前完成，或者至少要有概略方案。

会议的节奏应该足够快，简明扼要地讨论各个候选任务，然后决定是选择还是放弃。会议在每个任务上所花的时间应该限制在 5 到 10 分钟。如果需要更详细的讨论，则应当另选时间，挑出团队中的一部分人专门进行。

凭我的经验，在每轮迭代中，这类会议所花的时间不应当超过 5%。如果一周（40 小时）为一个迭代周期，这类会议时间应当限制在 2 小时内。

## 9.1.6 迭代回顾和 DEMO 展示

这类会议在迭代的末尾召开。团队成员讨论本轮迭代中什么做得对，什么做得不对。业务方可以看到最新工作成果的 demo。如果组织不当，这类会议可能浪费很多时间，所以不妨在最后一天下班前 45 分钟召开。花 20 分钟来回顾，花 25 分钟来演示。请记住，这类会议只牵涉到最近一两周的工作，所以没有太多内容要讨论。

## 9.1.7 争论/反对

Kent Beck 曾告诉我一个深刻的道理："凡是不能在 5 分钟内解决的争论，都不能靠辩论解决。"争论之所以要花这么多时间，是因为各方都拿不出足够有力的证据。所以这类争论依据的不是事实，而是信念。

技术争论很容易走入极端。每一方都有各种说法来支持自己的观点，只是缺乏数据。在没有数据的情况下，如果观点无法在短时间（5~30 分钟）里达成一致，就永远无法达成一致。唯一的出路是，用数据说话。

有人会尝试借助个人能力赢得争论。他们可能提高嗓门，近距离与你对视，或者摆出不屑的姿态。但这都不重要，长期来看，强力是无法解决争论的，最终还是需要数据。

有人会表现得非常被动。他们同意结束争论，之后却消极对待结果，拒绝为解决问题出一份力。他们会安慰自己说："既然其他人想要这么办，就这么办吧。"这可能是非专业的行为中最糟糕的了。千万千万不要这样做。如果你同意了，就必须拿出行动来。

该怎么得到解决问题所需的数据呢？有时候可以做实验，也可以模仿或是直接建模。但是有时候，最好的办法是抛硬币来决定到底如何选择。

如果问题解决了，这个选择就是对的。如果遇到了麻烦，你可以退回来选择另一条路。明智的做法是，选定一个时间点或者设定一系列标准，来决定什么时候放弃。

要小心这类会议：它们的目的是发泄情绪，或者让大家站队。如果会议上只有一面之词，就要避免参加。

如果争论必须解决，就应当要求争论各方在 5 分钟时间内向大家摆明问题，然后大家投票。这样，整个会议花的时间不会超过 15 分钟。

## 9.2　注意力点数[1]

如果你从本节中察觉到一些新时代形而上学或者龙与地下城的色彩，请一定原谅我。我只是实话实说而已。

编程是需要持续投入精力和注意力的智力活动。注意力是稀缺的资源，它类似魔力点数[2]。如果你用光了自己的注意力点数，必须花一个小时或更多的时间做不需要注意力的事情，来补充它。

我不知道该怎么描述注意力点数，但是我感觉它是有形（或许无形）的，能影响注意力的集中和发散。无论如何，你肯定可以觉察到注意力点数的存在，也同样可以感知它是否耗尽。职业开发人员会学习安排时间，妥善使用自己的注意力点数。我们选择注意力点数充裕的时候编程，在注意力点数匮乏时做其他事情。

注意力点数也会随时间流逝而减少。如果不及时使用，它就会消失。会议之所以具有巨大的破坏力，原因之一就在于此。如果你所有的注意力点数都用在了会议上，编程时就大脑空空了。

忧虑和分心也会消耗注意力点数。昨天晚上的夫妻吵架，今天早上的汽车剐蹭，上周忘记付款的账单，都会迅速耗光你的注意力点数。

### 9.2.1　睡眠

睡眠的重要性怎么强调都不为过。美美一觉醒来，我的注意力点数是最充裕的。好好睡上 7 个小时，我就有足够的注意力点数去做好 8 小时的工作。专业开发人员会安排好他们的睡眠，保证清晨有饱满的注意力点数去上班。

### 9.2.2　咖啡因

毋庸置疑，对有些人来说，适量的咖啡因可以帮他们更有效地使用注意力点数。但是请

---

1 "注意力点数"的"点数"原文为 manna，如今也常见于各种魔幻游戏。——译者注

2 魔力点数（manna，也就是上面说的"点数"）常见于魔幻小说和龙与地下城之类角色扮演游戏中。每名玩家都有一定数量的点数，念魔咒时消耗这些魔力点数。魔法越强大，消耗的点数也越多。魔力点数会以固定的速度缓慢恢复。所以，在密集念魔咒时很容易耗光所有的魔力点数。

小心，咖啡因也会给你的注意力添乱。太多咖啡因会把你的注意力偏转到奇怪的方向。太浓的咖啡会搞得你一整天都沉溺于不重要的事情。

咖啡因的用量和接受程度因人而异。我个人的做法是，早上一杯浓咖啡，中午一罐无糖可乐。有时候我会加倍，但通常这就是上限了。

## 9.2.3　恢复

在你不集中注意力的时候，注意力点数可以缓慢恢复。漫步一段长路，与朋友聊天，看看窗外，都有助于恢复注意力点数。

有些人选择沉思、反省，也有些人选择小睡一会儿，还有人选择听播客或者翻翻杂志。

我发现，一旦注意力点数耗尽，你就没法控制注意力。你仍然可以写代码，但是多半需要第二天重写，或者在几周或几个月之后备受这段代码的煎熬。所以，更好的办法还是花 30 到 60 分钟来换换脑子。

## 9.2.4　肌肉注意力

搏击、太极、瑜伽之类体力活动使用的注意力是不同的。即便需要全神贯注，这种注意力也不同于编程时的注意力，因为它们需要的是肌肉的注意力，而编程需要的是心智的注意力。不过，肌肉注意力有助于改善心智注意力，而且不仅仅是简单的恢复。我发现，定期训练肌肉注意力，可以提升心智注意力的上限。

我训练肌肉注意力的办法是骑车。我会骑行 1～2 小时，大约 30～50 km。我通常沿着德斯普兰斯河边的小路一直骑，这样就不用担心撞到汽车。

在骑车时，我会听一些关于天文或政治的播客。有时候会听自己喜欢的曲子，也有时候会摘掉耳机，聆听大自然。

有些人用选择做手工活来训练，比如做木工活、制作模型、清理花园。无论怎样选择，这类活动都要动用肌肉注意力，继而提升心智注意力。

## 9.2.5　输入与输出

关于注意力，我知道的另一重点是平衡输入与输出。编程是一项创造性劳动。我发现，如果能接触到其他人的创造性思维，我的创造力也最旺盛，所以我阅读大量的科幻小说。这些作者的创造力会激发我对软件的创造力。

## 9.3　时间拆分和番茄工作法

我用来管理时间的有效办法之一，是使用众所周知的番茄工作法。其基本思想很简单：把厨房用的计时器（通常它的形状很像番茄）设定到 25 分钟。倒计时期间不要让任何事情干扰你的工作。如果电话响了，接起来并礼貌告诉人家，请在 25 分钟之后打来；如果有人来打断你问问题，礼貌地问他是否能过 25 分钟再来问。无论什么干扰，都必须等到 25 分钟结束再处理。毕竟，几乎没有事情会紧急到 25 分钟都等不了。

计时器响的时候，停下手上的工作，转去处理这 25 分钟内遇到的其他事情。之后休息 5 分钟左右。然后，再把定时器设定为 25 分钟，开始一个新的番茄时间段。每完成 4 个番茄时间段时间，休息 30 分钟左右。

论述这个技巧的资料已经有很多了，我强烈推荐你阅读[1]。不过，看过上面的描述你应该明白它的要点：使用这项技巧，你的时间可以分为番茄时间和非番茄时间。番茄时间是有生产率的，你可以真正做点事情。用于应付干扰、参加会议、休息等非工作事宜的时间，则属于非番茄时间。

一天中你有几个番茄时间段？不错的情况下你可以有 12～14 个番茄时间段，糟糕的情况下可能只有 2 到 3 个。如果你把情况记录下来并且画图表示，就可以很清楚地知道，每天有多少时间是有效率的，有多少时间是花在杂事上的。

有些人觉得这个办法相当受用。他们用番茄时间段为单位，估量工作量，然后测量每周的番茄速度。但这只是锦上添花。番茄工作法的真正好处在于，在 25 分钟的高效工作时间段里，你有底气拒绝任何干扰。

## 9.4　要避免的行为

有时候你工作时会心不在焉。很可能是因为要做的事情让人恐慌、难受，或者厌烦。你

---

1　人民邮电出版社出版的《番茄工作法图解：简单易行的时间管理方法》一书详细介绍了如何利用该方法提高工作效率。该书译者大胖还创建了一个中文交流网站 25in1.com，感兴趣的读者可以在这里和大家交流使用心得和疑问。——编者注

可能会认为，工作是你被迫面对的，自己无从脱身。或者，你就是不喜欢这份工作。

## 优先级错乱

无论什么原因，我们都可以找到办法逃避真正的工作。你说服自己有些工作更紧急，所以转去处理，这种行为叫作优先级错乱——提高某个任务的优先级，之后就有借口推迟真正急迫的任务。优先级错乱是自我麻醉的谎言，因为不能面对真正需要做的事情，所以我们告诉自己，其他事情更重要。我们知道这不是真的，但还是用它来欺骗自己。

其实这不是在欺骗自己：我们真正做的是准备谎言——如果有人问自己在做什么事情，为什么这么做，我们就会摆出这些谎言。我们是在为他人对自己的判断寻找理由和借口。显然，这不是专业的行为，专业开发人员会评估每个任务的优先级，排除个人的喜好和需要，按照真实的紧急程度来执行任务。

## 9.5　死胡同

所有软件开发者都要遇到死胡同。比如你做了决定，选择了走不通的技术道路。你对这个决定越是坚持，浪费的时间就越多。如果你认为这关系到自己的专业信誉，就永远也走不出来。

慎重的态度和积累的经验可以帮你避免某些死胡同，但是没法完全避免所有的。所以你真正需要的是，在走入死胡同时可以迅速意识到，并有足够的勇气走回头路。这就是所谓的坑法则（The Rule of Holes）：如果你掉进了坑里，别挖。

专业开发人员不会执拗于不容放弃也无法绕开的主意。他们会保持开放的头脑来听取其他意见，所以即使走到尽头，他们仍然有其他选择。

## 9.6　泥潭

比死胡同更糟的是泥潭。泥潭会减慢你的速度，但不会让你彻底停下来。泥潭会阻碍你前进，但如果使尽全力，你仍然可以取得进展。之所以说泥潭比死胡同更麻烦，是因为在泥潭中，你仍然可以看到前进的道路，而且看起来总是比走回头路要短（虽然实际不是这样）。

我曾经看到过产品因为陷入泥潭而报废，公司因为陷入泥潭而破产。我也看到过原本小步快跑的团队，在几个月内被泥潭搞到步履蹒跚。除了泥潭，没有其他东西能够对开发团队的效率产生如此深远且长期的负面影响，绝没有。

真正的问题在于，泥潭和死胡同一样是无可避免的。慎重的态度和积累的经验有助于避开泥潭，但无法彻底避开每一处泥潭。

在泥潭中继续前进的危害是不易察觉的。面对简单问题，你给出解决方案，保持代码的简单、整洁。之后问题不断扩展，越来越复杂，你则扩展代码库，尽可能保持整洁。某天，你发现自己从一开始就做了错误的选择，在需求变化的方向上，程序跟不上节奏。

这就是转折点！你可以回头修正设计，也可以继续走下去。走回头路看起来代价很高，因为要把已有代码推翻重来，但是走回头路绝对是最简单的方法。如果继续前进，系统就可能陷入泥潭，永远不得脱身。

专业开发人员对泥潭的恐惧远远大于死胡同。他们会时刻留神显露出来的泥潭，然后运用各种努力，尽早尽快地脱身。

发现自己身处泥潭还要固执前进，是最严重的优先级错乱。继续前进无异于欺骗自己，欺骗团队，欺骗公司，欺骗客户。你一边走向煎熬所有人的炼狱，一边告诉大家，所有问题都会解决。

## 9.7　结论

专业开发人员会用心管理自己的时间和注意力。他们知道优先级错乱的诱惑，他们也珍视自己的声誉，所以会抵制优先级错乱。他们永远有多种选择，永远敞开心扉听取其他解决方案，他们从来不会执拗于某个无法放弃的解决方案。他们也时刻警惕着正在显露的泥潭，一旦看清楚，就会避开。最糟糕的事情，莫过于看到一群开发人员在徒劳地拼力工作，结果却陷入越来越深的泥潭。

第 **10** 章

# 预估

　　预估是软件开发人员面对的最简单、也是最可怕的活动之一了。预估影响到的商业价值
巨大，关乎声誉，也给我们带来了很多的苦恼和挫折。预估是业务人员和开发人员之间最主要的
障碍，横亘在双方之间的种种不信任，几乎都由它引发。

　　1978 年，我负责带领团队开发 32K 嵌入式 Z-80 汇编程序。程序会烧录到 32 个 1K×8
的 EEProm（电可擦写只读存储器）芯片上。32 枚芯片插在 3 块电路板上，每块最多可以插
12 枚芯片。

我们投入生产的设备有几百台，遍布全美的各个电话中心局。每次修复了 bug 或者新增了功能，都要给每家客户的技术部邮寄这些芯片，让他们更换全部 32 枚芯片。

这真是场噩梦。芯片和电路板很娇贵。芯片的引脚可能弯折或断裂，反复颠簸可能会让焊接点松脱，损坏和出错的风险相当大，公司为此付出了极高的成本。

于是我的上司 Ken Finder 来找我，让我解决这个问题。他要我想个办法，每次只要更换 1 枚芯片，而不用动其他的。如果你之前读过我写的其他书，或者听我谈起过，你会知道我总是念叨独立部署的重要性。其实，我就是从这个任务里第一次明白独立部署的重要性的。

我们遇到的问题是，这个软件是链接之后的单独的可执行文件。如果程序中新增一行代码，之后所有代码的地址就都会变化，每枚芯片只能包含 1K 的地址空间，所以几乎全部芯片的内容都发生了变化。

解决的办法也很简单，把各枚芯片的程序解耦合。每枚芯片的程序变成独立的编译单元，它的烧录可以独立于其他芯片。

我测量了程序中所有函数的大小，然后像对待拼图游戏的碎片那样，为每枚芯片写了个简单程序，并各预留大约 100 字节的空间。在每枚芯片程序的开头，我放了一个指针表指向芯片上的所有函数。程序启动时，把所有指针都挪到内存里。系统的所有代码都重新写过，函数全部通过这些内存向量来调用，绝对没有直接调用。

是的，这样就解决了问题。芯片变成了包含虚表的对象，所有函数都是多态部署的。必须承认，虽然我很早之前就知道什么是对象了，但直到这时候我才真正学到了一些面向对象设计。

这样做的好处是明显的。我们不但可以单独部署芯片，还可以现场打补丁，只要把新的函数装载到内存里再重新设定向量表就可以了。这样在线查错和打补丁就容易多了。

但是，我失算了。Ken 来让我修复这些问题的时候，建议使用函数指针。我花了一两天定好主意，然后给了他一份详细的计划。他问我多久可以完成，我回答说：一个月左右。

结果，我花了 3 个月。

我一生中只喝醉过两次，且只有一次是真醉。那是 1978 年在 Teradyne 的圣诞夜晚会，当时我 26 岁。

晚会是在 Teradyne 的办公室办的，那里基本是开放式的办公环境。每个人都去得很早，然后来了一场暴雪，把乐队和承办宴席的人拦在了路上。好在，我们有足够多的酒。

那天晚上的事情我记不清楚了。我能清楚的是，我真希望能抹去那晚的记忆。不过，我还是会与你分享那个辛酸的夜晚。

我盘腿坐在地板上向 Ken（他那时候 29 岁，没有喝多）哭诉编写内存向量的工作花了太长时间。一直以来压抑着的、关于预估的恐惧和不安全感都被酒精淹没了。我想我并没有把头埋到他膝盖上，但是我对这类细节真的记不太清楚了。

我真切记得，自己问他，是否要对我发脾气，是否觉得我花了太多时间。尽管那晚的事情我记不太清楚了，但几十年过去了，他的回答我却记得真切。他说："是的，我觉得花的时间太多了，但是我知道你在努力解决这个问题，而且有切实的进展。这就是我们真正需要的。所以，我一点儿也不生气。"

# 10.1　什么是预估

问题在于，不同的人对预估有不同的看法。业务方觉得预估就是承诺。开发方认为预估就是猜测。两者相差迥异。

## 10.1.1　承诺

承诺是必须做到的。如果你承诺在某天做成某事，就**必须**按时完成。即便它意味着你必须每天工作 12 小时，放弃周末的休假，也不得不如此。既然承诺了，就必须兑现。

专业开发人员不随便承诺，除非他们确切知道可以完成。道理就是这么简单。如果你被要求承诺做自己不确定的事情，那么就应当坚决拒绝。如果要求你承诺在某天完成，但是需要每天加班，周末加班，取消休假，那么最后的决定取决于你；不过，不要违背自己的意愿去勉强。

承诺是关于确定性的。其他人会把你的承诺当真，据此拟定计划。如果不能兑现承诺，他们的损失，以及你的声誉受到的影响，都是巨大的。不能兑现的承诺也是一种欺骗，只不过比明目张胆的欺骗好一点。

## 10.1.2　预估

预估是一种猜测。它不包含任何承诺的色彩。它不需要做任何约定。预估错误无关声誉。

我们之所以要预估，是因为不知道到底要花多少时间。

不幸的是，大多数软件开发人员都很不擅长预估。这不是因为他们没有掌握关于预估的诀窍——根本没有这样的诀窍。预估的偏差总是很大，原因在于我们并不理解预估的实质。

预估不是个定数，预估的结果是一种概率分布。比如说：

Mike：你估计要多久完成 Frazzle 任务？

Peter：3 天。

Peter 真的能在 3 天内做完吗？可能可以，但是有多大可能呢？答案是：我们不知道。Peter 到底是什么意思？Mike 接收到哪些信息？如果 Mike 过 3 天再来问，而 Peter 没有做完，Mike 会感到意外吗？为什么会这样呢？Peter 没有做承诺，Peter 没有告诉他，3 天完成的概率有多大，4 天或 5 天完成的概率又是多大。

如果 Mike 问 Peter，3 天完成的概率有多大，情况会如何呢？

Mike：3 天完成的概率有多大？

Peter：相当有可能。

Mike：能说个准数吗？

Peter：百分之五六十吧。

Mike：也就是说如果给你 4 天，概率会更大点。

Peter：是的，其实可能需要 5 到 6 天，虽然我估计不用这么久。

Mike：到底有多少把握呢？

Peter：噢，我不清楚……6 天内完成的把握有 95% 吧。

Mike：你的意思是可能也需要 7 天？

Peter：呃，如果事事都不顺利的话。其实，如果事事都不顺利，也可能需要 10 天到 11 天。但情况不太可能这么糟糕。

现在我们开始接触到真相了。Peter 想的预估是概率分布，在 Peter 脑子里，完成的可能性是图 10-1 那样的。

可以看到，Peter 最初估计的是 3 天，也就是图中可能性最高的柱条。Peter 认为，3 天是这个任务所需的可能性最大的时间。但是 Mike 的想法不同，他看到了最右侧的部分，担心

Peter 可能真的需要花 11 天来完成。

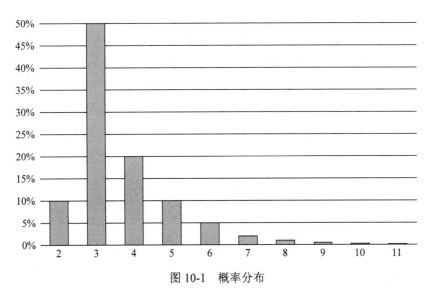

图 10-1　概率分布

　　Mike 应当为此担心吗？当然。墨菲定律[1]对 Peter 同样适用，所以很可能遇到不顺利的事情。

## 10.1.3　暗示性承诺

　　现在问题在 Mike 这儿了。他不知道 Peter 要花多久才能做完。为了减少不确定性，他需要 Peter 给出承诺，而这是 Peter 做不到的。

　　Mike：Peter，需要多久完成，你能给个准数吗？

　　Peter：Mike，不行。我说过了，可能 3 天，也可能 4 天。

　　Mike：那么就是 4 天？

　　Peter：不，也可能是 5 天或 6 天。

　　到这个时候为止，每个人的行为都是有理有据的。Mike 需要承诺，而 Peter 谨慎地拒绝了。所以 Mike 换了种方式。

　　Mike：OK，Peter，你能在 6 天之内完成吗？

---

1 墨菲定律说的是，如果可能出错，那么就一定会出错。

Mike 的请求听起来非常诚恳，他当然是没有恶意的。但是，Mike 究竟想让 Peter 干什么呢？是要"试试看"吗？

在第 2 章，我们讨论过这个问题。"试试看"是被用滥了的说法。如果 Peter 同意"试试看"，也就是承诺了在 6 天内解决。是的，只有这一种解释，同意试试看就是承诺能够完成。

还会有什么其他解释呢？如果 Peter 说"试试看"，他究竟要做什么呢？是要每天加班吗？显然，就是如此。周末是否也要加班呢？是的，就是如此。他是否要放弃休假呢？是的，这也是"试试看"必需的。这些都是"试试看"的一部分。如果 Peter 没有去做这些事情，Mike 就会责怪他不够努力。

专业开发人员能够清楚区分预估和承诺。只有在确切知道可以完成的前提下，他们才会给出承诺。此外，他们也会小心避免给出暗示性的承诺。他们会尽可能清楚地说明预估的概率分布，这样主管就可以做出合适的计划。

## 10.2　PERT

1957 年，为支持美国海军的潜艇极地航行计划，计划评审技术（PERT，Program Evaluation and Review Technique）诞生了。PERT 的一部分内容就是对预估的计算方法。这种技术包含了一个非常简单而有效的办法，把预估变成概率分布，让主管们看懂。

你可以根据 3 个数字预估某项任务。这就是三元分析法。

❑ O：乐观预估。这是非常乐观的数字。如果一切都异常顺利，你可以在这个时间内完成。实际上，为了保证乐观预估有意义，这个数字对应的发生概率应当小于 1%[1]。在 Peter 的例子中，这可能是 1 天，参见图 10-1。

❑ N：标称预估。这是概率最大的数字。如果画一张柱状图，标称预估就是最高的那个。在图 10-1 中，标称预估是 3 天。

❑ P：悲观预估。这是最糟糕的数字。它应当考虑到各种意外，比如飓风、核战争、黑洞、其他灾难等。为保证悲观预估有意义，这个数字对应的发生概率也应当小于 1%。在 Peter 的例子中，这个数字是最右边的柱条，也就是 12 天。

有了以上三个预估，我们可以像下面这样描述概率分布：

---

[1] 正常分布下，这个具体的数字是 1:769，或者 0.13%，或者 3 个西格玛。从统计上看，千分之一的例外是没有问题的。

$$\mu = （O+4N+P）/6$$

$\mu$ 是任务的期望完成时间。在 Peter 的例子中，它等于（1+12+12）/6，也就是大概 4.2 天。通常这个数字都有点水分，因为分布图的右边部分比左边部分长[1]。

$$\sigma = \frac{P-O}{6}$$

$\sigma$ 是这个任务的概率分布的标准差[2]，用来衡量不确定性。如果这个数字很大，就表示非常不确定。对 Peter 来说，它等于（12-1）/6，也就是大概 1.8 天。

现在我们知道，Peter 的预估天数是 4.2/1.8。Mike 清楚，他很可能 5 天完成，但也可能要 6 天甚至 9 天。

但是 Mike 管理的不只有一个任务，他管理的项目中有许多任务。Peter 负责 3 项必须依次完成的任务，他对 3 项任务的预估如表 10-1 所示。

表 10-1　　　　　　　　　　　　　　Peter 的任务

| 任　　务 | 乐观预估 | 标称预估 | 悲观预估 | $\mu$ | $\sigma$ |
|---|---|---|---|---|---|
| alpha | 1 | 3 | 12 | 4.2 | 1.8 |
| beta | 1 | 1.5 | 14 | 3.5 | 2.2 |
| gamma | 3 | 6.25 | 11 | 6.5 | 1.3 |

beta 任务的情况如何？看来 Peter 对此相当有把握，但是也有可能出现意外，并对他产生严重影响。Mike 应该如何看待？他应该如何为 Peter 的 3 项任务做计划？

结果是，借助非常简单的计算，Mike 就可以把 Peter 的这些任务加总，得到所有任务的统计分布。计算非常简单：

$$\mu_{sequence} = \sum \mu_{task}$$

对依次完成任务来说，总的期望完成时间就是这些任务的期望完成时间的和。所以如果 Peter 有 3 项任务，其预估分别是 4.2/1.8、3.5/2.2、6.5/1.3，那么 Peter 大概要 14 天才能全部完成：4.2+3.5+6.5。

---

1　PERT 假定它接近 beta 分布。因为预估的任务最短时间通常比最长时间要准确很多，所以这是有意义的。
2　如果你不知道什么是标准差，应该去找找概率和统计的简明教程。概念不难明白，而且非常有用。

总的标准差就是其中各个任务的标准差平方之和的平方根。所以 Peter 的 3 个任务的标准差是 3。

$$(1.8^2+2.2^2+1.3^2)^{1/2}=$$

$$(3.24 + 4.84 + 1.69)^{1/2} =$$

$$9.77^{1/2} = \sim 3.13$$

所以 Mike 明白，Peter 的任务大概需要 14 天，但是也可能需要 17 天（$1\sigma$）甚至是 20 天（$2\sigma$）。Peter 可能要花更多时间，但这种情况几乎不可能发生。

回头看看预估表。你可以感觉到在 5 天内完成 3 项任务的压力吗？毕竟，最乐观的预估是 1 天、1 天、3 天。即便按照标称预估，3 项任务加起来也需要 10 天。那么为什么会需要 14 天，或者 17 天甚至 20 天呢？答案是，因为这个数字是把各个任务的不确定性叠加起来，让计划更加现实。

如果你是有几年经验的程序员，可能看过过于乐观的项目预估，它们最终花的时间是预估的 3 到 5 倍。简单的 PERT 计算说明了一种避免乐观预估的合理方法。不管尝试加快进度的压力有多大，专业开发人员都应当谨慎地设定合理的预估值。

## 10.3　预估任务

Mike 和 Peter 在制造灾难。Mike 问 Peter 要花多久。Peter 如实给出三元分析的回答，但是他的同事会怎么看呢？他们会不会有别的想法？

在预估时，最重要的资源是你周围的人。他们可以看到你看不到的东西。相比自己单干，他们可以帮你更精确地预估任务。

## 德尔菲法

20 世纪 70 年代，Barry Boehm 向我们介绍了称为"德尔菲法"（wideband delphi）的估量方法[1]。到现在，这个方法已经演化出许多变种，其中一些是正式的，一些是非正式的，但它们有一点是相通的，那就是共识。

---

1 [Boehm81]

办法非常简单。一组人集合起来，讨论某项任务，预估完成时间，然后重复"讨论－预估"的过程，直到意见统一。

Boehm 最早提出的办法包含若干会议和文档，对我来说仪式和开支都太多了。我喜欢低成本的办法，就像下面这样。

## 1．亮手指

大家围坐在桌旁。每次讨论一项任务。针对每项任务，都必须讨论这个任务涉及什么，什么因素会把它搞复杂，它应该如何实现。然后所有参与者把手埋到桌底下，根据自己的判断，伸出 0～5 个手指。这时候，主持人数 1－2－3，所有人都把手亮出来。

如果大家伸出的手指数相同，就开始讨论下一个任务。否则，就开始讨论为什么有分歧。如此重复，直到意见统一。

这里说的"统一"并不是绝对的，只要预估相近就可以。举例来说，大多数人都伸出 5 根手指，只有少数人伸出 3 根或 4 根手指，也算统一。但是，如果其他人都伸出 4 根手指，只有一个人伸出 1 根手指，就必须继续讨论。

预估的计量单位在会议开始时就必须确定。可能是完成任务所需的天数，或者是一些有意思的单位，比如"手指数乘以 3"或者"手指数的平方"。

重要的是，大家必须同时亮出手来。我们不希望有人根据他人的预估改变自己的主意。

## 2．规划扑克

2002 年，James Grenning 写了一篇非常有启发性的论文[1]来描述"规划扑克"。德尔菲法的这种变体非常流行，结果很多公司都遵循它的思路，把市场推广的赠品做成规划扑克的纸牌那样。甚至有一个网站就是 planningpoker.com，依靠它，你可以在互联网上组织不在一起办公的人共同来玩规划扑克。

规划扑克的玩法非常简单。向参与预估的每位成员发出不同点数的牌。如果发给每个人的牌的张数在 0 到 5 之间，那么从逻辑上说，这就是亮手指游戏。

挑一个任务进行讨论。到某个时候，主持人要求每个人出一张牌。团队成员根据自己的预估选出一张牌，背面朝外，保证其他人都看不到牌的点数。然后主持人让每个人亮牌。

---

1　[Grenning2002]

剩下的就和亮手指一样。如果达成共识，就表示认可了预估。否则把牌收回去，继续讨论这项任务。

人们已经动用了很多科学知识来为纸牌设定合理的点数，有些人甚至用到了菲波那契数列，还有人用到了无穷大符号和问号。我觉得 5 张点数分别为 0、1、3、5、10 的牌就足够了。

### 3．关联预估

关联预估（Affinity Estimation）是德尔菲法的一种特殊形式，我前几年看 Lowell Lindstrom 演示过。我的运气足够好，看到了不同的客户和团队使用这种方法的情形。

在关联预估中，所有任务都写在卡片上，卡片上没有任何关于预估的信息。让参与预估的人围成一圈站在桌子边或是墙边，把卡片打乱铺开。大家保持静默，只是卡片按照任务所需时间的长短排序，需要时间长的放右边，短的放左边。

任何时候，任何人，都可以移动任何卡片，不需要关心之前是否有人移动过。如果哪张卡片移动过超过 $n$ 次，就需要抽出来单独讨论。

最终，静默的排序终止。大家开始讨论，详细了解排序意见的分歧所在，也可以通过简短的设计讨论或者手绘的线框草图来帮助取得共识。

下一步是按照时间单位来给任务归类。时间单位可能是天或周或点数。按照惯例，一般选择菲波那契数列中头 5 个元素（1、2、3、5、8）。

### 4．三元预估

如果为单个任务做标称预估，德尔菲法是不错的办法。但是之前说过，大多数情况下需要做 3 种预估，才能得出概率分布。不论使用德尔菲法的哪种形式，都可以迅速得到每个任务的乐观预估值和悲观预估值。举例来说，如果选择使用规划扑克，可以要求大家根据悲观预估亮出纸牌，然后选择点数最大的那张。乐观估计也是如此，只不过是选出点数最小的那张。

## 10.4　大数定律

预估是非常容易出错的，所以才叫预估。控制错误的办法之一是使用大数定律。该定律的意思是：把大任务分成许多小任务，分开预估再加总，结果会比单独评估大任务要准确很多。这样做之所以能提高准确度，是因为小任务的预估错误几乎可以忽略，不会对总的结果产生明显影响。

坦率地说，这也是比较乐观的想法。预估中的错误通常会被低估而不是高估，所以拆分再加总很难做到完美。不过，把大任务拆分成小任务分开预估，仍然是个好办法。有些错误会被忽略，而且拆分成小任务也更利于理解任务本身及其他意外因素。

## 10.5　结论

专业开发人员懂得如何为业务人员提供可信的预估结果，以便做出计划。如果做不到，或者不确定能做到，专业开发人员不会给出承诺。

专业开发人员一旦做了承诺，就会提供确定的数字，按时兑现。但是大多数情况下，他们都不会做这种承诺，而是提供概率预估，来描述期望的完成时间及可能的变数。

对需要妥善对待的预估结果，专业开发人员会与团队的其他人协商，以取得共识。

本章举例说明了专业开发人员做出可信预估的几种方法。其实预估的方法不只这几种，本章介绍的也不见得是最好的，而只是我觉得用起来最顺手的。

## 10.6　参考文献

**[McConnell2006]:** Steve McConnell, *Software Estimation: Demystifying the Black Art*, Redmond, WA: Microsoft Press, 2006.

**[Boehm81]:** Barry W. Boehm, *Software Engineering Economics*, Upper Saddle River, NJ: Prentice Hall, 1981.

**[Grenning2002]:** James Grenning, "Planning Poker or How to Avoid Analysis Paralysis while Release Planning," April 2002.

# 第 11 章

# 压力

　　想象一下灵魂出窍后的体验：你看见自己躺在一张手术台上，一位外科医生给你做开胸手术。医生竭力挽救你的性命，但是时间有限，也就是说，他的一举一动都与病人生死攸关——你命悬一线。

　　你期望医生的表现如何？你希望他冷静、井井有条吗？你希望他清楚准确地吩咐助手吗？你希望他严格遵循当初训练时的做法坚守手术规程吗？

　　还是想让他汗流浃背、咒骂之声不断？想让他乱扔手术器械、把东西摔得哐当响吗？想让他满腹怨气责怪管理人员设定的不现实的手术时间，一直嚷嚷时间不够用吗？你期望他表现得像一名专业人士，还是像我们常见的某些开发人员的那种做派？

即使有压力，专业开发人员也会冷静果断。尽管压力不断增大，他仍然会坚守所受的训练和纪律，他知道这些是他赖以战胜由最后期限和承诺所带来的压力感的最好方法。

1988 年时，我正在 Clear Communication 公司工作。这是家创业公司，但一直没做出什么产品。我们烧完了第一轮投资，不得不再去找第二轮、第三轮投资。

最初的产品规划听着还不错，但是产品架构就从没靠谱过。开始时，产品既包括软件部分，也包括硬件部分，后来变成就只剩下软件部分了。软件的平台也从 PC 机换成了 Sparc 工作站。目标客户群也从高端变成低端了。最终，当公司绞尽脑汁想找到一些能够带来收益的东西时，连产品的最初意图也变了。我在那里待了差不多 4 年，感觉这家公司应该一分钱也没有赚到。

毫无疑问，作为软件开发人员，我们肯定置身于巨大的压力之下。我们在办公室里度过了多少不眠之夜，又有多少个周末我们一直盯在终端上加班干活。用 C 语言写的函数长达 3000 多行。大家会大吼大叫直呼其名地争论。其中也不乏欺骗和诡辩。有人重拳打穿了墙面，愤怒地把笔扔到白板上，用铅笔在墙上把看不顺眼的同事画成小丑。在那里，愤怒与压力从未消失。

最后期限摆在那里，大家被各种事情推着走。必须要为展会或客户演示提前准备好特性。客户提出的特性，不管有多么愚蠢，在下一次演示时都要准备就绪。时间总是不够用，工作总是滞后。进度一再延迟。

如果能够一周工作 80 小时，你就会被奉为英雄。如果能把一团乱麻整成可以给客户做演示的材料，你也会被奉为英雄。如果拼命工作，你可能会得到晋升。如果得过且过，你可能就会被炒鱿鱼。这是家创业公司，在这里每个人都很卖力，期待得到股份。1988 年时，富有近 20 年从业经验者如我，也只能乖乖认了。

我就是那位告诉那些为我干活的程序员要干得更多更快的开发经理。我也是一周工作 80 小时的工作狂。孩子们都睡着了，他们的老爸却还没回家，凌晨 2 点了还在写一个 3000 行的 C 函数。我就是那个扔笔咆哮的人。如果员工跟不上项目进度，我就会解雇他们。这些事情令人很难受。我自己也很难受。

后来有一天，妻子逼我盯着镜子好好打量下自己。我不喜欢镜中的自己。妻子说我看上去气色很糟糕。我无以否认，但又不愿意承认。我气冲冲地愤然离家，漫无目的地在街上逛荡。我走了差不多半个小时，内心波澜起伏。这时，天开始下雨了。

忽然，我似乎顿悟了。我开始仰天大笑，嘲笑自己的愚蠢荒唐，嘲笑自己承受的无谓压力，嘲笑镜中的那个男人，那个把自己和别人的生活都弄得痛苦不堪的可怜的家伙。这一切又是图个啥呢？

那一天我幡然醒悟了。我停止了长时间疯狂工作的状态，改变了高强度的生活方式。我不再愤怒地砸笔，不再写 3000 行的 C 函数代码。我决心通过高质量的工作，而不是愚蠢的劳作来享受自己的职业生涯。

我把工作交接妥帖之后就离职了，成了一名咨询顾问。自那天之后，我成了自己的"老板"。

## 11.1 避免压力

在压力下保持冷静的最好方式，便是规避会导致压力的处境。规避的方式也许无法完全减除压力，但是可以大大降低压力并缩短高压力期的时间。

### 11.1.1 承诺

我们已经在第 10 章中说过，应当避免对没有把握能够达成的最后期限做出承诺，这一点很重要。业务方总是期望能够拿到这些承诺，因为他们想消除风险。我们要做的就是使风险定量化并将它们陈述给业务方，这样他们就能做好相应的准备。做不切实际的承诺会阻碍目标的实现，对公司和个人都没好处。

有时有人会代我们做出承诺。比如业务人员可能在没有事先咨询我们的情况下就向客户做出了承诺。发生这种事情时，出于责任感我们必须主动帮助业务方找到方法来兑现这些承诺，但是一定不能接受这些承诺。

其中的差别至关重要。专业人士总会千方百计地帮助业务方找到达成目标的方法，但并不一定要接受业务方代为做出的承诺。最终，如果我们无法兑现业务方所做出的承诺，那么该由当时做出承诺的人来承担责任。

这说来容易。但是如果因为没能兑现承诺而导致业务失败了，你也将无法按时拿到薪水，这种情况下不可能感受不到压力。但是，如果此前你已经表现得十分专业，那么至少在找新工作时可以昂首挺胸问心无愧。

### 11.1.2 保持整洁

快速前进确保最后期限的方法，便是保持整洁。专业人士不会为了快点前进而乱来。他们明白"快而脏"是自相矛盾的说法。脏乱只会导致缓慢！

让系统、代码和设计尽可能整洁，就可以避免压力。这并非是说我们要花无穷无尽的时间去清理代码，而只是说不要容忍混乱。混乱会降低速度，导致工期延误，承诺失信。因此，要尽力保持输出成果整洁干净。

### 11.1.3　危机中的纪律

观察自己在危机时刻中的反应，就可以了解自己的信念。如果在危机中依然遵循着你守持的纪律，就说明你确实相信那些纪律。反过来说，如果在危机中改变行为，就说明你并不真正相信常规行为中的原则。

如果在非危机时刻你会遵循测试驱动开发的纪律，但是在危机时刻你放弃了这种做法，就说明你并不真正相信 TDD 是有帮助的。如果在平常时候你会注意保持代码整洁，但在危机时刻你却会产出混乱的代码，就说明你并不真正相信混乱会导致速度下降。如果在危机时刻你会结对工作，但平时却不结对，就说明你相信结对工作比不结对更有效率。

选择那些你在危机时刻依然会遵循的纪律原则，并且在所有工作中都遵守这些纪律。遵守这些纪律原则是避免陷入危机的最好途径。

当困境降临时，也不要改变行为。如果你遵守的纪律原则是工作的最佳方式，那么即使是在深度危机中，也要坚决秉持这些纪律原则。

## 11.2　应对压力

能预见压力、转移压力和消除压力是很好的，但是有时候不管你多么千方百计地力求防患于未然，依然会有压力降临到你头上。有时候，项目周期就是比任何人此前所估计的要长。有时候，原始设计就是有错误必须返工。有时候，你可能会失去一名重要的团队成员或客户。有时候，你就是做出了一个无法兑现的承诺。这时该怎么办？

### 11.2.1　不要惊慌失措

正确应对压力。长夜漫漫无心睡眠，无助于更快地解决问题。呆坐着烦躁不安也于事无补。而你可能会犯的最严重的错误，就是鲁莽仓促！要避免产生孤注一掷的想法。鲁莽仓促只会把你带入更深的深渊。

相反，要放松下来。对问题深思熟虑。努力寻找可以带来最好结果的路径，然后沿着那条路径以合理稳定的节奏前进。

## 11.2.2 沟通

让你的团队和主管知道你正身陷困境之中。告诉他们你所制定的走出困境的最佳计划。请求他们的支持和指引。避免产生的惊恐。没有东西比惊恐更令人愤怒和失去理性。惊恐会让你的压力增大十倍。

## 11.2.3 依靠你的纪律原则

当事情十分困难时，要坚信你的纪律原则。之所以你会将之奉为纪律，是因为它们可以指引你度过高压时期。这时候尤其要留意各条纪律原则。这不是质疑或无端放弃它们的时候。

不要惊慌失措地茫然四顾另寻依靠，而要从容不迫、专心致志地依靠你自己的纪律原则，这将帮助你更快地走出困境。如果你遵循 TDD，那么这时写的测试甚至要比平时多。如果你笃行无情的重构，这时就要更多地进行重构。如果你相信要保持函数尽量地小，这时就要让函数变得更小。战胜压力煎熬的唯一方法，便是依靠那些你已经知道切实有效的东西——你平时遵守的纪律。

## 11.2.4 寻求帮助

结对！当头脑发热时，找一个愿意和你一起结对编程的伙伴。你会前进得更快，而缺陷却会更少。结对伙伴会帮助你守住原则，制止你的精神错乱。搭档会捕捉住你疏忽遗漏的事情，会提出有帮助的想法，会在你注意力迷失的时候接过你手中的工作继续前进。

同样地，当你看到其他人身处压力之下时，可以伸出援手，和他们结对工作，帮助他们走出困境。

## 11.3 结论

应对压力的诀窍在于，能回避压力时尽可能地回避，当无法回避时则勇敢直面压力。可以通过慎重承诺、遵循自己的纪律原则、保持整洁等来回避压力。直面压力时，则要保持冷静，与别人多多沟通，坚守自己的原则纪律，并寻求他人的帮助。

第 **12** 章

# 协作

大多数软件都是由团队开发出来的。当团队成员能够十分专业地互相协作时，整个团队是最为高效的。单打独斗与游离于团队之外都是不专业的表现。

1974 年，我 22 岁，和妻子 Marie 新婚仅六个月。我们的第一个孩子 Angela 出生也刚一年。那时我供职于 Teradyne 公司的一家子公司 Chicago Laser Systems。

和我搭档的是我的高中同学 Tim Conrad。Tim 和我有过不少创举。我们曾在他家的地下室里搭建电脑，也曾在我家地下室里一起制造"雅各布天梯"[1]。我们一起学习如何在 PDP-8

---

1 雅各布做梦沿着登天的梯子取得了"圣火"。后人便把这梦想中的梯子称为雅各布天梯。Bob 大叔和伙伴一起玩的应该是雅各布天梯实验。"雅各布天梯"实验展示了电弧产生和消失的过程。二根呈羊角形的管状电极，一根接高压电，另一根接地。当电压升高到 5 万伏时，管状电极底部产生电弧，电弧逐级激荡而起，如一簇簇圣火似地向上爬升，犹如古希腊神话故事中的雅各布天梯。——译者注

上编程，如何把集成电路和晶体管装配成可用的计算器。

当时我俩都是公司的程序员，准备开发一个系统，这个系统能够使用激光高精度切割类似电阻器和电容器这样的电子元件。比如，我们曾经切割过供第一款电子表摩托罗拉"脉冲星"使用的水晶。

编程用的计算机是 M365，PDP-8 的 Teradyne 克隆机型。我们使用汇编语言编程，源代码保存在磁带盒里。虽然可以在屏幕上直接进行代码编辑，但是由于过程太过繁琐复杂，我们就把大部分代码的清单打印出来，方便阅读和初步编辑。

那时根本没有什么工具可以用来搜索代码，也根本没办法找到某个函数被调用的全部地方或某个常量被使用到的地方。你可以想象得到，工作效率很低，令人十分不爽。

因此有一天，Tim 和我就决定写一个"交叉引用"生成器。这个程序会从源代码盘中读入代码，打印出包含每个符号的列表，在列表中同时显示用到该符号的文件及行号。

这个程序的最初版本相当简单。它只是从盘中读入源代码，根据汇编语言的句法进行解析，创建一个字符表，并为每个字符实体添加引用记录。这个程序功能很不错，但跑起来却极其缓慢。用它来处理我们的"主操作程序"（Master Operating Program，MOP）代码，需要一个多小时。

这么慢的原因是，我们只是在一个内存缓冲区中存储不断增长的符号表。每当发现需要新增一个引用，我们就往缓冲区中插入引用记录，并将缓冲区中的其余部分向下移动若干字节来腾出空间。

Tim 和我那时都不是数据结构和算法方面的专家。我们还从没听说过"散列表"或"二分搜索法"，对于如何调优算法使其变得更快毫无头绪。我们只知道当前的做法太慢了。

所以我们就不断尝试。我们试过把引用放在一个链表中，试过在数组中预留间隔空间，当这些间隔空间满了才扩大缓冲区，也试过创建间隔空间的链表。我们几乎试遍了各种疯狂的想法。

我们站在办公室的白板前，画出数据结构图，进行计算，预估算法的运行效率。每天到办公室碰头时我们都会冒出一个新点子。我们已经走火入魔了。

一些做法确实提高了性能，但也有一些降低了性能。整个过程让人几近抓狂。也是在那时我第一次发现，优化软件很难，整个过程根本无法依靠直觉进行。

最后我们终于把时间降低到了 15 分钟以内，这个时间和从磁带中读入代码的时间很接近了，算是满意的结果。

## 12.1 程序员与人

我们并非是因为喜欢和其他人在一起工作才选择做程序员的。我们都认为人际关系难以应付而且毫无规律。编程用的机器则整洁，行为也可预见。如果可以一个人待在房间里数个小时沉浸在一些真正有趣的问题上，那将会是最开心的时光。

好吧，我这么说可能有点儿以偏概全了，确实也有不少例外。有许多程序员很善于和别人共事合作，享受其中的挑战。但是整个群体的平均状况还是朝我所描述的方向发展的。我们，程序员们，还是最享受面无表情的沉思，把自己像蚕茧一样裹起来，沉浸于问题思考中。

### 12.1.1 程序员与雇主

在 20 世纪 70 年代到 80 年代，作为 Teradyne 公司的程序员，我确实非常擅长调试。我很喜欢其中的挑战，那时的我活力四射，对此充满激情。各种 bug 在我面前都无处遁形。

每解决一个 bug，我都会像打赢一场战争或杀死了炸脖龙[1]那样兴高采烈。我会走到我的老板 Ken Finder 那里，手中拿着屠龙刀[2]，激情洋溢地向他描绘这个 bug 是如何如何有趣。有一天 Ken 终于忍不住爆发了："bug 一点儿都不好玩。它们只需要赶紧修复！"

那天我忽然有所领悟。对做的事情充满激情是好的，但是，最好把注意力集中在付我们薪水的老板所追求的目标上。

专业程序员的首要职责是满足雇主的需求。这意味着要和你的经理们、业务分析师们、测试工程师们和其他团队成员很好地协作，深刻理解业务目标。这并不是说你必须要成为业务方面的老学究，而是说你需要理解手上正在编写的代码的业务价值是什么，了解雇你的企业将如何从你的工作中获得回报。

专业程序员最糟糕的表现是两耳不闻窗外事，只顾一头将自己埋在技术堆里，甚至连公

---

1 Jabberwocky，本意是废话连篇的文章，胡言乱语的意思。*Jabberwocky* 是 Lewis Carroll 在《爱丽丝漫游奇境记》的续集《镜中世界》中所做的一首仿古英语歪诗。此诗出版后的百年间已获得英国文学界的无数赞誉，不仅不少作者生造的词已经被编入词典，诗本身更是被视为一首讽刺意味浓厚的杰作。Jabberwock 是诗中描写的一个怪兽。我国著名翻译家赵元任先生将 Jabberwock 翻译为"炸脖龙"。——译者注
2 爱丽丝杀死炸脖龙所用的刀。——译者注

司业务火烧眉毛行将崩溃了也不闻不问。你的工作职责就是要让业务免于陷入困顿，让公司可以长久发展下去。

因此，专业程序员会花时间去理解业务。他们会和用户讨论他们正在使用的软件，会和销售人员与市场人员讨论所遭遇的问题，会和经理们沟通，明确团队的短期目标和长期目标。

简而言之，他们会将注意力放在与业务同舟共济上。

我也被解聘过，那是 1976 年，我是 Outboard Marine 公司的一名程序员。那时，我帮助他们编写一个工厂自动化系统，这个系统使用 IBM System/7 来监控车间里的数十台铝材铸模机。

从技术上说，这是一个富有挑战性的工作，也能从中学到很多东西。System/7 的架构很吸引人，工厂自动化系统本身也确实十分有趣。

我们也有一支很好的团队。团队负责人 John 的能力很强，也很有激情。我的两名编程伙伴也很和善，乐于助人。我们的项目还有一个专用实验室，大家在实验室里一起工作。业务伙伴也参与其中，和我们一起坐在实验室里。我们的经理 Ralph 能力也很强，工作认真，勇于担当。

每件事情本应都很完美。问题出在我这里。虽然对于项目和技术我都充满了热情，但是作为一个 24 岁的大男孩，我那时年少无知，没有把注意力放在业务和内部人事结构上。

第一天报到时，我就犯了一个错误。报到时我没有系领带。在面试时我系了领带，也看到其他员工都系了领带，但我没有做到入乡随俗。第一天上班，Ralph 过来直截了当地和我说明："我们这里上班要系领带的。"

我对系领带这事无比痛恨。这件事让我内心深受困扰。我每天都系着领带，但我恨系领带。我也愿自己能够喜欢上这种穿戴，也知道这是这边的规矩。那我为什么对这事情感觉这么苦恼呢？只因为我那时还是一个自私自恋的小笨蛋。

我上班经常迟到，而且认为这无关要紧。毕竟我活儿做得不错。确实也是如此，在编程上我的活儿干得确实不赖。我很轻松地就成了团队中技术最好的程序员。比起其他人，我的代码写得又快又好。我能比别人更快速地诊断和解决问题。我自以为是技术大牛了，时间和日期都是不必拘泥的小节。

当我搞砸了一件很重要的事情时，他们做出了解雇我的决定。John 明确告诉过我们全体人员，在下周一他要看到可用特性的演示。我确信自己当时也很清楚这话的含义，但是我的时间观念不强，对于这些时间日期什么的从不上心。

那时开发活动正如火如荼地进行着。系统还没有投入生产运行，所以当周末没有人在实验室里时，系统肯定是不需要运行的。而那个周五，我肯定是最后一个离开实验室的人，因此，很显然系统还没有调通我就回家了。而周一要进行一个很重要的演示这件事情，我却抛于脑后了。

周一我又迟到了一个小时，进去时看到大家脸色阴沉地围在一个无法运行的系统前面。John 问我："为什么系统今天无法运行了，Bob？""我不知道。"回答完我就坐下来开始调试。我还没想起今天有演示这回事，但是通过其他人的暗示，我知道出状况了。这时，John 走过来贴着我的耳朵低声说："如果 Stenberg 今天来参观，这种场面该如何收拾？"然后带着满脸厌恶的表情走开了。

Stenberg 是负责自动化的副总裁，相当于今天我们所称的首席信息官（CIO）。这个问题对我无关痛痒。"又能怎样？"我想，"反正系统还没有正式运行，这能是多大事啊？"

当天晚些时候我收到了第一封警告信。信中要求我必须立即改正工作态度，否则会被"立马开除"。我吓坏了！

我花了些时间对自己的行为进行分析，对过往的错误表现有了意识。我找 John 和 Ralph 谈话，决心彻底改变自己，端正态度好好干活。

说到做到！我不再迟到，开始注意内部的制度规范。我也理解了为什么 John 对 Stenberg 的可能到访会如此忧心忡忡，明白了我所导致的系统在周一无法正常运转这件事将 John 置于何种凶险的境地。

但是，有点为时已晚了。木已成舟，无法挽回了。一个月后，因为又犯了一个小错误，我收到了第二封警告信。我那时应该就明白，这些信只不过是走个形式而已，事实上，开除我的决定可能早已做出。但是我那时仍然决心去努力挽回这个局面，因此我工作更卖力了。

几周后，他们开会公布解聘决定。

回到家见到 22 岁怀有身孕的妻子，不得不告诉她我被解雇了。这种经历实在不堪回首。

## 12.1.2 程序员与程序员

程序员之间通常很难密切合作，这就会带来一些不小的问题。

### 1. 代码个体所有

不正常的团队最糟糕的症状是，每个程序员在自己的代码周边筑起一道高墙，拒绝让其他程序员接触到这些代码。我曾在许多地方看到过，不少程序员甚至不愿让其他程序员看见他们的代码。这是引发灾难的"最有效秘诀"。

我曾为一家做高端打印机的公司提供过咨询。这些打印机由许多不同的部件构成，比如输纸器、打印器、进纸槽、装订器、切纸器等。这些设备的重要性各不相同。输纸器比进纸槽要重要得多，但是打印器是所有部件中最重要的。

每个程序员都只在自己负责的部件上工作。有一个人专门为输纸器编写代码，另有一个人专门为装订器编写代码。每个人的技术都保密，不让其他人接触到他们的代码。这些程序员的权限是和他们所负责部件的业务重要性直接关联在一起的。在打印器上工作的程序员拥有的权力最高。

从技术角度来看，这无疑是一场灾难。作为顾问，我可以看到大量重复代码，模块间的接口完全是杂乱混淆而非正交的。但是再多的理由都无法说服程序员（或公司）改变他们的工作方式。毕竟，他们是否能加薪主要取决于所维护部件的重要性。

## 2．协作性的代码共有权

将代码所有权的各种隔断全部打破、由整个团队共同拥有全部代码的做法，相较于此则要好得多。我赞同这种做法：团队中每位成员都能签出任何模块的代码，做出任何他们认为合适的修改。我期望拥有代码的是整个团队，而非个人。

专业开发人员是不会阻止别人修改代码的。他们不会在代码上构造所有权的藩篱，而是尽可能多地互相合作。他们通过合作来达到学习的目的。

## 3．结对

许多程序员都不喜欢"结对编程"这一理念。但很奇怪，在紧急情况下，大多数程序员又都愿意结对工作。为什么呢？很显然，因为这是解决问题最有效的方法。老话说得好："三个臭皮匠胜过一个诸葛亮。"但是，如果在紧急情况下结对是解决问题最有效的方法，那为什么在平常不是呢？

尽管有不少研究报告和实际案例，但我都不想用。我甚至不准备告诉你应该在多大程度上应用结对。我只想说："专业人士会结对工作。"为什么？因为至少对有些问题而言，结对是最有效的解决方法。不过这并非采用结对编程唯一的原因。

专业人士结对工作，还因为这是分享知识的最好途径。专业人士并不会仅凭一己之力从零开始创建知识，而是通过互相结对来学习系统的不同部分和业务。他们明白，尽管每位团队成员都有自己的位置，但是在紧要关头，每位团队成员也要能够接替其他人的位置。

专业人士之所以结对，是因为结对是复查代码最好的方式。系统中不应该包含未经其他程序员复查过的代码。代码复查的方法很多，但大多数方法效率都极其低下。最有效率且最有效果的代码复查方法，就是以互相协作的方式完成代码编写。

## 12.2　小脑

2000 年，正值互联网泡沫的高峰。有一天早上我乘火车到芝加哥去。下车进入站台时，撞入眼帘的是高悬在出口处的一块巨大的广告牌，上面贴着一家著名软件公司的程序员招聘广告。广告语是这样的："来和世界上最聪明的脑袋一起摩擦碰撞"。（Come rub cerebellums with the best.）

我当即无语：这类广告连类比对象都没搞清楚。设计广告的人意在吸引掌握高新技术、聪明、知识丰富的程序员，但又不知从何入手，于是勾勒出一幅高智商人群一起分享知识的图景。但他们所称的"脑袋"，其实只是人脑的一部分——小脑（Cerebellums）——而已。小脑主要负责协调肌群而不是智商。这个广告的目标人群最受不了的就是愚蠢，肯定会对这样一个愚蠢的错误嗤之以鼻。

但是，这个广告还令我想到另外一些东西。他让我去想象一群人相互通过小脑进行摩擦碰撞是怎样的一幅情景。由于小脑位于脑的后部，因此通过小脑摩擦碰撞最好的方式，便是背对背。我想象一群程序员坐在格子间的角落里，彼此背对着背，戴着耳机盯着屏幕。那就是通过小脑摩擦碰撞的方法。这种方法，也无法塑造出团队。

专业人士会共同工作。当戴着耳机坐在角落里时，你是无法参与合作的。因此，我期望大家能够围坐在一张桌子前，彼此面对面。你要能够感受到其他人的恐惧担忧，要能够听到其他人工作不顺时的牢骚，要有口头上和肢体语言上的下意识的沟通交流。整个团队要像一个统一的整体，彼此连通。

也许你认为自己一个人工作时会做得更好。也许确实如此，但这并不意味着你一个人工作时，整个团队会做得更好。况且，事实上，一个人单独工作时，不太可能会工作得更好。

有些时候，单独工作是正确的。当你只是需要长时间努力思考一个问题时，可以一个人单独工作。当任务琐碎且无足轻重、和另外一个人一起工作显得浪费时，可以一个人工作。但是一般说来，和其他人紧密协作、在大部分时间段中结对工作，是最好的做法。

## 12.3　结论

　　也许我们不是因为通过编程可以和人互相协作才选择从事这项工作的。但真不走运，编程就意味着与人协作。我们需要和业务人员一起工作，我们之间也需要互相合作。

　　我知道，我知道。如果把我们关在一个有六个大屏幕显示器的房间里，里面有高速宽带网络，有一组超快的处理器并行队列，有用不尽的内存和磁盘，享用不完的健怡可乐和香脆的玉米薯条，那岂不是棒极了？唉，伙计，不是这样的。如果我们真想终生能以编程度日，那么，一定要学会交流——和大家交流[1]。

---

1 电影《绿色食品》（*Soylent Green*）最后一句台词。（译者注：《绿色食品》，中文译名还有《超世纪谍杀案》，上映于 1973 年。剧情梗概：2022 年，地球已经被过度工业化生产和过度人口污染破坏到一定程度。乡村已经被污染不能住人，并且被政府控制，人们只能挤在城市里。新鲜食物，如新鲜蔬菜、肉、水果，都非常稀少，只有有钱人和有权人才买得起。普通人和一般老百姓只能吃得起每个星期二政府免费发的 Soylent Green 食品公司生产的饼干 Soylent Green。公司在媒体上宣传说这种饼干是用海水和黄豆做的，黄豆的英文为 Soy，而饼干的颜色是绿色的（green），所以这饼干叫 Soylent Green。一个住在纽约的警察在侦查一桩谋杀案的时候，偶然发现了政府和 Soylent Green 公司的秘密……。这部电影具有强悍诡异的科幻色彩与深沉的人文关怀。）

第 **13** 章

# 团队与项目

小项目该如何实施？如何给程序员分派？大项目又该如何实施？

## 13.1　只是简单混合吗

这几年来，我为许多银行和保险公司做过咨询。这些公司看起来有一个共同点，那就是它们都是以一种古怪的方式来分派项目的。

银行的项目通常相对比较小，只需一到两名程序员工作几周即可。这样的项目通常会配备一名项目经理，但他同时还会管理其他若干项目；会配备一名业务分析师，但他同时也为其他项目服务；也会配备几名程序员，他们同样同时参与其他项目的工作；还会配备一到两名测试人员，他们也同时测试其他项目。

看到其中的模式了吧？这些项目太小，无法把一个人的全部时间完全分配其中。每个人在项目上的投入都是以 50%甚至 25%的比例来计算的。

但是，不要忘了：事实上并没有半个人的这种说法。

让一个程序员把一半的时间投入在项目 A 中，把其余时间投入在项目 B 中，这并不可行，尤其是当这两个项目的项目经理不同、业务分析师不同、程序员不同、测试人员不同时，更不可行。在《地狱厨房》[1]中，这种丑陋的组合方式能称为团队吗？这不是团队，只是从榨汁机中榨出的混合物而已。

## 13.1.1　有凝聚力的团队

形成团队是需要时间的。团队成员需要首先建立关系。他们需要学习如何互相协作，需要了解彼此的癖好、强项、弱项，最终，才能凝聚成团队。

有凝聚力的团队确实有些神奇之处。他们能够一起创造奇迹。他们互为知己，能够替对方着想，互相支持，激励对方拿出自己最好的表现。他们攻无不克。

有凝聚力的团队通常有大约 12 名成员。最多的可以有 20 人，最少可以只有 3 个人，但是 12 个人是最好的。这个团队应该配有程序员、测试人员和分析师，同时还要有一名项目经理。

程序员算一组，测试人员和分析师算一组，两组人数比例没有固定限制，但 2∶1 是比较好的组合。所以由 12 个人组成的理想团队，人员配备情况是这样的：7 名程序员、2 名测试人员、2 名分析师和 1 名项目经理。

分析师开发需求，为需求编写自动化验收测试。测试人员也会编写自动化验收测试，但是他们两者的视角是不同的。两者虽然都写需求，但是分析师关注业务价值，而测试人员关

---

1　*Hell's Kitchen* 是美国厨艺竞赛真人秀电视节目。——译者注

注正确性。分析师编写成功路径场景；测试人员要关心的是那些可能出错的地方，他们编写的是失败场景和边界场景。

项目经理跟踪项目团队的进度，确保团队成员理解项目时间表和优先级。

其中有一名团队成员可能会拿出部分时间充任团队教练或 Master[1]的角色，负责确保项目进展，监督成员遵守纪律。他们担负的职责是，如果团队因为项目压力太大选择半途而废，他们应当充当中流砥柱。

### 1．发酵期

成员克服个体差异性，默契配合，彼此信任，形成真正有凝聚力的团队，是需要一些时间的，可能需要 6 个月，甚至 1 年。但是，凝聚力一旦真正形成，就会产生一种神奇的魔力。团队的成员会一起做计划，一起解决问题，一起面对问题，一起搞定一切。

团队已经有了凝聚力，但却因为项目结束了就解散这样的团队，则是极为荒谬的。最好的做法是不拆散团队，让他们继续合作，只要不断地把新项目分派给他们就行。

### 2．团队和项目，何者为先

银行和保险公司试图围绕项目来构建团队。这是一种愚蠢的做法。按照这种做法，团队永远都不可能形成凝聚力。每个人都只在项目中的过客，只有一部分时间是在为项目工作，因此他们永远都学不会如何默契配合。

专业的开发组织会把项目分配给已形成凝聚力的团队，而不会围绕着项目来组建团队。一个有凝聚力的团队能够同时承接多个项目，根据成员各自的意愿、技能和能力来分配工作，会顺利完成项目。

## 13.1.2　如何管理有凝聚力的团队

每个团队都有自己的速度。团队的速度，即是指在一定时间段内团队能够完成的工作量。有些团队使用每周点数来衡量自己的速度，其中"点数"是一种关于复杂度的单位。他们对每个工作项目的特性进行分解，使用点数来估算。然后以每周能完成的点数来衡量速度。

---

1　类似 Scrum 敏捷项目管理框架中的 Scrum Master。——译者注

速度是一种统计性的度量。一个团队可以某一周内完成了 38 个点，下一周完成 42 个点，再下一周只完成 25 个点。随着时间推移，便可以得到一个平均值。

管理人员可以对分配给团队的项目设置一个目标值。举个例子，如果一个团队的平均速度是每周 50 个点，而他们同时有 3 个项目要做，管理人员便可以要求团队将精力按 15、15、20 来分配。

除了可以将多个项目分配给一个有凝聚力的团队这一好处之外，这个方案还有一个优势，如果出现紧急情况，业务方可以说："项目 B 已到了紧要关头，在后面 3 周内把 100%的团队精力都先花在那个项目上。"

对于那些随意拼凑起来的团队而言，快速重新分配优先级实际上几乎不可能，但是同时在 2 到 3 个项目上并行工作的有凝聚力的团队，却能够很快地响应这种变化。

## 13.1.3    项目承包人的困境

对于我所提倡的方法有人提出这样的反对意见：这会让项目承包人失去些安全感和权力。作为项目承包人，如果有一个专属团队完全投入在其项目上，他能够清楚计算出团队的投入是多少。他们明白，组建和解散团队代价高昂，因此公司也不会因为短期原因就调走团队。

另一方面，如果项目分配给一个有凝聚力的团队，并且如果那些团队同时在做多个项目，那么在公司心血来潮时便可以改变项目的优先级。这可能会影响项目承包人对未来的安全感。他们所依赖的资源，也可能突然间便被抽走。

坦率地讲，我赞同后一种说法。组建和解散团队只是人为的困难，公司不应受到它的束缚。如果公司在业务上认为一个项目比另外一个项目的优先级更高，应该要快速重新分配资源。项目承包人的职责所在，便是清晰地定义和陈述项目的价值与意义，让项目得到公司管理层的认可和支持。

## 13.2    结论

团队比项目更难构建。因此，组建稳健的团队，让团队在一个又一个项目中整体移动共同工作是较好的做法。并且，团队也可以同时承接多个项目。在组建团队时，要给予团队充足的时间，让他们形成凝聚力，一直共同工作，成为不断交付项目的强大引擎。

# 13.3　参考文献

**[RCM2003]:** Robert C. Martin, *Agile Software Development: Principles, Patterns, and Practices*, Upper Saddle River, NJ: Prentice Hall, 2003.

**[COHN2006]:** Mike Cohn, *Agile Estimating and Planning*, Upper Saddle River, NJ: Prentice Hall, 2006.

第 **14** 章

# 辅导、学徒期与技艺

计算机科班毕业生的质量一直令我颇感失望。究其原因，并不是这些毕业生不够聪明或缺乏天分，而是由于大学并没有教授真正的编程之道。

## 14.1   失败的学位教育

我曾经面试过一名在重点大学攻读计算机科学硕士学位的年轻女生。她在申请一个暑期实习职位。我让她和我一起写几段代码，她却回答说："我不是来写代码的。"

请把上一段话再读一遍，然后略过这段继续往下读。

我问她在攻读硕士学位期间都上过哪些编程课程。她回答说，连一门编程课程都没上过。

太不可思议了，你可能会再看一遍本章开头的文字，确认自己没看错，这真令人感到噩梦初醒、世界错乱。

这时你也许会有所疑惑，计算机科学硕士的教学计划中，怎么可能会连一门编程课程都没有呢？那时我也同样感到十分疑惑。即使到今天，我对此依然深感疑惑不解。

当然，这是我在面试毕业生过程时遭遇的诸多失望中最极端的情况。并不是所有的计算机科班毕业生都会如此令人失望，还是有不少优秀人才的。但是，我注意到，那些符合要求的毕业生有个共同点：他们几乎都在进入大学之前就已经自学编程，并且在大学里依然保持自学的习惯。

不要误解我的意思。我认同在大学里是有可能获得良好教育的，但是我也认为，在大学里完全也可以蒙混过关，混得一纸文凭，其实什么都不懂。

而且还有另外一个问题。即使是最好的计算机科学学位教学计划，通常也不足以帮助年轻毕业生充分准备好应付工作后遇到的挑战。在这里，我并不是要控诉教学计划里的那些课程。在学校中所学的内容和在工作中发现的实际需要，这两者之间通常会有巨大的差异。

## 14.2　辅导

我们是如何学会编程的？先来讲一下我自己学习编程的经历吧。

### 14.2.1　DIGI-COMP I，我的第一台计算机

1964 年，妈妈送了我一台塑料小电脑作为我 12 岁的生日礼物。它叫 Digi-Comp I[1]，有 3 片塑料做的"触发器"和 6 片塑料做的"与门"，可以把触发器的输出作为与门的输入，也可以把与门的输出作为触发器的输入。简而言之，我可以通过这台小电脑，搭建一台 3 位的有限状态机。

---

1　现在还有许多网站提供可以模拟这种小计算机的模拟器。

盒子里还带有一本手册,手册中附有一些程序。可以通过将机器上的小管子(形状类似饮料吸管短的那截)推进触发器上伸出的小柱子上进行编程。手册上只说明了该将小管子推到哪个位置,但没有说明每根管子是做什么用的。这真让人沮丧。

我把玩了好几个小时,想弄明白它的工作原理。但是,当时幼小的我自然无法自如操作这台机器。手册的最后一页说,只需支付一美元,他们便会寄回一份手册[1],告诉我如何用它进行编程。

我把钱寄去,怀着 12 岁少年特有的急切心情等待手册早日寄来。手册寄到的那天,我迫不及待地翻阅起来。这本手册简要描述了布尔代数理论,内容覆盖布尔方程式、结合律和分配律以及德·摩根定理。这本手册介绍了通过一系列布尔方程式来表达问题的方法。还描述了如何还原这些方程式,使其可以对应到 6 位与门上。

我完成了我人生中的第一个程序。我依然记得它的名字:"帕特森先生的计算门"。我写出了方程式,并将它们还原,然后将其对应到机器的小管子和小柱子上。成功了!

刚刚我写下这句话时,感到由衷的喜悦。差不多半个世纪前,在 12 岁的时候,我也体会到了这种由衷的兴奋。我被深深吸引住了。我的生活就此改变。

你还记得你写的第一个程序跑起来的那个时刻吗?它改变了你的生活并指引你大步踏上编程之路了吗?

只凭自己的能力,我是没法解决这些问题的。我必须有辅导才可能做到。有一些对此十分精通的好人(对他们我深表谢意)花时间编写了一个 12 岁少年也能读懂的布尔代数教程。他们将数学理论与使用小小塑料计算机进行实际编程这两者联接在了一起,给我带来了力量,使我能够自如操纵计算机。

我差不多翻烂了这本改变了我命运的手册。我把它保存在一个拉链袋内。尽管历经多年,纸张都已经泛黄且发脆,但是它的字里行间仍闪耀着智慧的光芒。那些人只用了 3 页纸便清楚描述了布尔代数,他们循序渐进地介绍了每个程序后面的方程式,极富趣味。这绝对是大师级的作品,这个作品至少改变了一名年轻人的生活。虽然我猜,我永远不会知道这些作者的名字。

---

1 我现在还保存着这本手册。它在我的书架上占据显要位置。

## 14.2.2 高中时代的 ECP-18

在我 15 岁的时候，作为一名高中新生，我喜欢经常泡在数学系里闲逛。（想象一下这是怎样的一种场景！）有一天他们推进来一台机器，个头有桌子那么大。那是一台专供高中教学用的计算机，称为 ECP-18。在我们学校里会展出 2 周。

当老师和技术人员交谈的时候，我就站在后面。这台机器有 15 位的"字"（什么是字呢），以及容量为 1024 字的磁鼓式内存（我那时已经知道磁鼓式内存，但认知还仅停留在概念层面上）。

机器启动时会发出巨大的声响，仿佛喷气式飞机起飞。我猜那是磁鼓在加速。一旦加速完成，机器就比较安静了。

这台机器很可爱。它很像一张办公桌，有一个奇怪的控制面板从上面凸起，好比军舰上的舰桥。控制面板上装有好几排灯，这些灯同时也是按钮。坐在桌子边时，就感觉自己正坐在 Kirk 船长[1]的椅子上。

我在一边观察。我发现当技术人员按下这些按钮时，按钮会发亮，如果再按一次，按钮的灯又会灭掉。我也注意到，他们还会按其他几个按钮，这些按钮上面写着诸如 deposit 和 run 这样的单词。

每 3 个按钮一组，每一行有 5 组按钮。我的 Digi-Comp 也是 3 位，因此我能够读懂用"位"来表示的二进制数。我很快就明白这些代表的是 5 个八进制数字。

技术人员按下按钮时，我听到他们在自言自语。当他们在"内存缓冲"行按下 1、5、2、0、4 时，嘴上会念叨"存储在 204"。当按下 1、0、2、1、3 时，他们会念叨"将 213 装载入累加器中"。控制面板上刚好有一行按钮，标着"累加器"！

虽然当时我只有 15 岁，但我过了 10 分钟已经明白，"15"代表"存储"，"10"代表"装载"，累加器是用来存储或装载内容的地方，其他数字代表的是磁鼓上 1024 个字中的一个。（这组数字即是所说的一个"字"了！）

一点点地[2]，我懂得了越来越多的操作码和概念。技术人员离开时，我已经知道机器基本的操作方法了。

---

1 电影《星际迷航》里的一个角色，是星舰"企业号"的船长。——译者注
2 此处原文是双关语，bit by bit，既表示"一点一点地"，又表示"一位一位地"。——译者注

那天下午自修课上我便溜进数学实验室里去把玩这台计算机。很久以前我就知道，先斩后奏比较好！我录入一个小程序，它会将输入的数字乘以 2 然后再加上 1。我往累加器里录入一个 5，运行程序后，看到累加器里变成 13（八进制）！结果正确！

我又录入了其他几个类似的简单程序，它们都能够如我的预期正确运行。那时我简直感觉整个宇宙在握！

几天后，我才发现自己有多傻，但同时也很幸运！我在数学实验室的角落里找到了一本指导手册。上面说明了各种不同的操作和操作码，其中许多是我在旁观技术人员操作时没有学到的。我很欣慰我此前已经正确解读了不少操作码，其他新的操作码则令我激动不已。其中有一个新的操作是"HLT"。凑巧的是，"结束"（halt）操作码是全部数字为零的一个"字"。更凑巧的是，我也曾经在每个程序的末尾都输入一个全为零的字作为结尾，将之装载入累加器中用以清理累加器。我此前从没有想到过"结束"这样的概念。我只想到程序在运行完毕后应该停下来！

记得有一次，我坐在数学实验室里，在一旁观看一位老师调试程序。他期望通过与机器连接在一起的电传机录入两个十进制数字，然后机器能打印出这两个数字的和。任何曾尝试过在微机上使用机器语言编写类似程序的人都知道，这并不太容易。首先要读入字符，将它们转换为数字，然后转换为二进制位，相加，之后再转换回十进制，最后还原为字符。而且，别忘了还得通过前台面板以二进制方式录入整个程序，这更令人头疼！

我注意到他在程序里添加了一个结束操作，运行程序直到程序停止。（噢！那是个好主意！）通过这种最原始的断点，可以检查寄存器里的内容，查看程序已经做了哪些运算。我记得他当时还自言自语："哇哦！挺快嘛！"现在看这句话，真是感慨万千啊！

我不知道他使用的是什么算法。我对那种程序还一头雾水。当我在他背后旁观的时候，他也没和我说过一句话。其实，压根就没人和我说起过一丁点儿那台计算机的事。我想，他们可能把我当作一个碍手碍脚的小毛孩，像飞蛾一样在数学实验室里晃来晃去，因而尽量对我做到视若罔存。公平点儿说，不管是学生还是老师，大家当时都不懂如何沟通交流。

最后，他的程序终于调通了。看起来真是太神奇了。尽管他早前曾赞叹这台机器多么多么快速，但其实是由于机器不够快（要知道那还是 1967 年，要从一个快速旋转的磁鼓中读出连续的"字"），他必须缓缓输入这两个数字才行。在录入第二个数字后，他敲下回车键，之后计算机开始不断疯狂闪烁，然后开始打印出结果。打印每个数字大约都需要 1 秒。打印到最后一个字符时，机器再疯狂闪烁了 5 秒多，才终于打印出了全部的数字，然后结束运行。

为什么在打印最后一个数字时会出现暂停的情况呢？我没找到原因。但是，这让我认识到，问题的解决方法会对用户造成深刻影响。尽管程序产生了正确的结果，但是其中仍然存有错误。

这也是一种辅导。当然，这不是我期望的那种辅导方式。如果有一名老师能带着我陪伴我一起工作，那就要好得多了。但是这也没有关系，因为我会观察他们的工作，从中快速学习。

## 14.2.3　非常规辅导

之所以告诉大家这两个故事，是因为它们描述了截然不同的两种辅导，这两种辅导都不是通常字面意义上的"辅导"。在第一个案例中，我通过一本精心编写的手册向作者学习。在第二个案例中，我通过观察他人工作来学习，尽管他们对我视若不见。在这两个案例中，我所获得的知识虽然基础但是意义深远。

当然，我还有其他类型的导师。有一个在 Teletype 公司上班的好邻居，带了一盒一共有 30 个电话中继器给我玩耍。听我说，只要交给年轻人一些中继器和变压器，他真的就能征服这个世界！

还有一个好邻居，他是个业余无线电爱好者，向我演示了如何使用万用表（不过很快就被我烧坏了）。还有个办公用品商店老板，他允许我到他店里摆弄十分昂贵的可编程计算器。还有，数字设备公司的销售办公室也允许我进去随意摆弄 PDP-8 和 PDP-10 计算机。

还有伟大的 Jim Carlin，一名 BAL 程序员，他拯救了我，帮我调试一个超出我能力范围的 COBOL 程序，使我免于在第一个编程工作岗位上就被解雇。他教会我如何阅读"核心转储"文件以及如何合适地使用空行、星号和注释对代码进行格式化。是他第一次推动我迈向软件技艺之路。一年后老板对他心生不满，但我却帮不上什么忙，至今我仍为此遗憾。

但是，坦率地说，这就是我所受到的全部辅导。在 20 世纪 70 年代早期，并没有多少资深的程序员。我后来去哪里工作，就是那里的资深程序员。没人帮助我理解真正专业的程序员是怎样的，也没有什么专门的人教我该如何行动以及做什么事情是有价值的。我必须自己摸爬滚打，自己教自己，而这绝非易事。

## 14.2.4　艰难的锤炼

我在前面已经说过，1976 年在一个工厂自动化系统开发岗位上工作时，我被解雇了。尽管技术上足以胜任，但是当时我没有学会关注业务和业务目标。我从没将日期和最后期限放在心上。我忘记了周一早上要进行的一个重要演示，在演示前一周的周五，系统被我弄坏了，而且那个周一早上我还迟到了。那时每个人都愤怒地盯着我。

老板给我发了一封警告信，要求我必须马上反省，否则就要被解雇。这对我无异于当头一棒。我重新审视了自己的生活和职业，开始在行为上做出一些显著改变，其中不少你应该已经在本书中读到过。但一切都已经太迟了，于事无补。事态已经在错误的方向上发展，此前任何不值一提的小问题，现在都会变成大问题。因此，尽管我竭力尝试转变，他们最终还是把我从那幢大楼里赶了出来。

无须多说，把这种消息告知已怀身孕的妻子和两岁大的女儿可不是什么好事。但我最终重新振作起来，深刻吸取宝贵的人生教训，投入到下一份工作中去，一干就是 15 年，正是这段时光奠定了我当前职业生涯的坚实基础。

我最终挺过来了，而且也取得了成功。但是，这个过程本来可以走得更好。如果当时我有一个真正的导师，能够深入浅出地指导我跨过其中的沟沟壑壑，那我的路途就要平坦很多。我可以在给他打下手完成一些小任务时观察他的工作方式。他会对我的工作进行审查，指导我的早期工作。他会专门教导我建立正确的价值观和反思内省的习惯。这类角色，你可以称他为“老师”“大师”或是“导师”。

# 14.3　学徒期

医生们是怎么做的呢？医院会在刚毕业的学生第一天报到时就马上把他们扔进手术室里去负责心脏手术吗？当然不会。

医学专业已经建立起一套严密的辅导体系，这已经成为一种传统。医学专业人士会从大学选拔候选人，确保他们拥有最好的教育。这些教育中包含有大量的课堂学习以及在医院中和专业人士一起进行的临床活动。

毕业后，在获得从业资格证书前，这些新医生需要花一年时间在导师的指导下进行实践训练，这时他们被称为“实习医生”，这段时间称为“实习期”。

这是一种密集型的在岗训练。实习医生身边一直有示范者和导师陪伴。

一旦实习期结束，每名医学专业人士都要参加三到五年以上的进一步的督导实训，这段时期称为“住院实习期”。通过和许多资深医生一起工作，在他们的督导下做更多工作，这些住院医生能够获得更大的信心。

　　许多专业要求额外的一到三年时间的"搭档合作期"，让这些学生接受专门的训练和督导实践，直到他们通过考试，获得从业资格。

　　这里关于医学专业人士的描述可能有些理想化，有些地方甚至可能不太确切。但是有一点是不争的事实：人命关天之时，我们不会把这些毕业生扔进手术室，随便安排他们一些病人，然后期望能产生好的结果。那么为什么在软件行业中会这么做呢？

　　相对而言，由软件错误引起的伤亡的确少很多。但是也曾因软件错误造成过巨大的经济损失。由于对软件开发人员培训不足，不少公司曾遭遇过巨额的经济损失。

　　但是，在软件开发行业中已经形成一种观点，认为程序员就是程序员，一旦毕业后就肯定会编程。事实上，一些公司在雇用一些刚从学校里出来的毛头小孩后，就会立马将他们组织成"团队"，把他们扔到关键系统的开发中，类似这样的情形屡见不鲜。这真是荒唐透顶！

　　画家不会这么做，管道工不会这么做，电工也不会这么做。天哪，我甚至认为快餐厨师也不会这么做！在我看来，这些雇用计算机科班毕业生的公司在新员工培训上的投资，起码应该比麦当劳在服务生身上的投资要多些才对吧。

　　我们不要自欺欺人地说这无关紧要。这很要紧。我们的文明运行在软件之上。是软件在传送和操纵我们日常生活中无处不在的信息，是软件在控制我们的汽车引擎、变速箱和刹车，是软件在维护我们的银行账户、发送账单和接收付款，是软件在帮我们洗衣服，是软件在告诉我们时间，是软件在电视上显示图片，是软件在发送短消息和拨通电话，是软件在我们疲劳时为我们带来娱乐。软件无处不在。

　　假使我们在生活的各个方面，从最微不足道的地方到性命攸关的地方，都要极度信赖软件开发人员，那么我认为，大学毕业生在成为软件开发人员之前有一段合理的督导实训期，并不是什么不合时宜的过分建议。

## 14.3.1　软件学徒期

　　那么软件专业人士该怎么样将年轻的毕业生提升到专业水准上呢？他们该遵循哪些步骤？他们会遭遇哪些挑战？他们需要达成哪些目标？让我们从后往前看一下这个过程。

### 1．大师

他们是那些已经领导过多个重要软件项目的程序员。一般说来，他们已经拥有 10 年以上的从业经验，曾在多个不同类型的系统、语言和操作系统上工作过。他们懂得如何领导和协调多个团队，他们是熟练的设计师和架构师，能够游刃有余地编程。组织曾为他们提供管理职位，但是他们不是拒绝就是在接受管理职位后又回去了，或是将管理职位和主要承担的技术角色整合在了一起。他们通过阅读、研究、练习、实践和教学来维持自身的技术水平。公司会把项目在技术方面的主要职责交由大师承担。想象一下，大师就像"Scotty[1]"。

### 2．熟练工

他们还处在受训期中，不过已能胜任工作，而且精力充沛。在职业生涯的当前阶段，他们将会学习如何在团队中卓越工作和成为团队的领导者。他们对当前的技术都十分了解，但是对其他许多系统尚缺乏经验。他们一般只了解一种语言、一个系统、一种平台，但是他们正在不断学习的过程中。他们彼此间的经验水平差异可能很大，但是平均经验水平大约在 5 年左右。他们之上是成长十分迅速的大师，之下则是刚刚进来不久的学徒工。

熟练工在大师或者其他资深熟练工的督导下工作。很少会让资历尚浅的熟练工独立工作。他们在严格的督导下进行工作。他们的代码会被人仔细复查。随着经验不断积累，他们的自主能力也会不断增长。对其直接介入指导的地方也会变得越来越少，指导内容也会越来越趋向那些微妙之处。最终，督导活动会转为以"同行评审"的方式进行。

### 3．学徒/实习生

毕业生会从学徒这一步开始他们的职业生涯。学徒没有"自治权"，他们需要在熟练工的紧密督导下工作。在一开始，他们不会单独承接任何任务，而只能作为助手为熟练工打下手。在这个阶段，应该十分密集地进行结对编程。这一时期是学习纪律并强化各项实践的阶段。各项价值观的基础也都是在这个阶段塑造成型。

熟练工会担任他们的导师。他们要确保学徒们能够了解设计原则、设计模式、各种纪律和固定的操作环节。熟练工会向他们传授 TDD、重构、估算等各种技艺。他们会为学徒安排阅读、练习和实践任务，还会检查学徒们的任务进展情况。

学徒期至少应持续一年。期满之时，如果熟练工愿意接受学徒上升到他们这个层级，就会把学徒推荐给大师们。大师们则通过面谈和水平检测，对学徒们进行考核检验。如果能够取得大师们的认可，那么学徒便可晋升为熟练工。

---

1 Scotty 也是电影《星际迷航》中的一个角色。他在星舰"企业号"上担任总工程师的角色，能解决几乎所有遭遇到的工程问题。——译者注

## 14.3.2　现实情况

当然，上述这些描述是假设的一种十分理想化的状况。但是，如果将这些描述中的名称稍作改变，你将会发现，它和我们现在想使用的方式之间并没有太大差异。毕业生由资历尚浅的小组长负责督导，而小组长则由项目领导者负责督导，依此类推。问题在于，在大多数情况下几乎没有技术层面的督导！在大多数公司中，根本就不存在技术督导这一回事。程序员的水平是否能够提升和最终是否能够得到职位晋升，全视乎程序员自己的表现。

我们今天的做法和我所提倡的理想化的学徒制程序，这两者之间的主要差异在于技术方面的传授、培训、督导和检查。

观念上最大的差别在于，专业主义价值观和技术敏锐度需要进行不断的传授、培育、滋养和文火慢炖，直至其完全渗入文化当中。我们当前的做法之所以传承无力，主要是因为其中缺失了资深人士辅导新人向其传授技艺的环节。

# 14.4　技艺

现在到了该给"技艺"一词下个定义的时候了。"技艺"一词到底指的是什么？为了理解这个词语，我们先来看"工匠"这个词。这个词包含有心智、技能和质量的意味。它会在人们心中唤起"经验丰富"和"堪当重任"这样的印象。成熟工匠手脚麻利，从容淡定，他们能够做出合情合理的估算并遵守承诺。工匠知道何时该说"不"，但他们更懂得如何承诺。成熟工匠可以算是专业人士。

技艺是工匠所持的精神状态。技艺的"模因"（meme[1]）中包含着价值观、原则、技术、态度和正见。

但是工匠如何才能获得这种"模因"呢？他们如何才能够练就这种精神状态？

---

1　模因，meme，这一词最早出现在英国牛津大学著名动物学家和行为生态学家理查德·道金斯于 1976 年出版的《自私的基因》一书中。道金斯杜撰 meme 一词的主要目的是为了说明文化进化的规律。在他看来，人类文化进化的基本单位是 meme。meme 在很大程度上指的是"以非遗传方式（如模仿）传递的行为或文化属性"。任何一个信息，只要它能够通过广义上称为"模仿"的过程而被复制，它就可以称为 meme。也就是说通过模仿获得并加以传播的任何想法、说法或做法都可以算作是 meme，如"曲调旋律、想法思潮、时髦用语、时尚服饰、陶器制作或搭建拱门的方法"等等。如今，研究 meme 及其社会文化影响的学科被称为 Memetics。在本文中，将 meme 译为"模因"。道金斯根据 gene 杜撰出了 meme，而"模因"一词则是模仿了"基因"一词翻译而成的。——译者注

技艺模因经由口口相传和手手相承而来，需要由资深人士向年轻学徒殷勤传授，然后再在学徒之间相互传播。资深人士会观察年轻学徒的学习过程，然后不断反思和改进传授之道。技艺模因宛如一种"传染病"，一种"精神病毒"。通过观察其他人的工作，让模因落地生根，你也会"感染"上技术模因。

## 觉者觉人

你无法说服别人成为一名匠者，你无法说服他们去接受技艺模因。口舌之争并无益处，数据亦无足轻重，案例研究也无法说明什么。接受技艺模因并不是一种理性决策的过程，也非感情用事便可奏效。这与人的"自性"（humanthing）紧密相关。

那么该如何让人们接受技艺模因呢？前面我曾说过，只要技艺模因可以被人观察到，它便具有传染性。因此，只需让技艺模因可以被他人观察到即可。你自己首先要成为表率。你自己首先要成为能工巧匠，向人们展示你的技艺。然后，将剩余的事情交给技艺模因的自然运行之道即可。

# 14.5　结论

学校能够传授的是计算机编程的理论。但是学校并不会也无法传授作为一名编程匠者所需掌握的原则、实践和技能。这些东西只有经由师徒个体间多年的细心监督和辅导才能获得。软件行业中像我们这样的一批人必须要面对这一事实，即指引下一代软件开发人员成熟起来的重任无法寄希望于大学教育，现在这个重任已经落到了我们肩上。建立一种包含学徒期、实习期和长期指引的机制已是迫在眉睫。

# 附录

# 工具

　　1978 年，我正在 Teradyne 公司工作，开发我前面提到过的电话测试系统。这个系统使用 M365 汇编语言编写，大约有 8 万行代码。我们使用磁带保存源代码。

　　这种磁带和 20 世纪 70 年代时很流行的那种 8 轨道立体声磁带很类似。磁带盘可以不断旋转，但磁带驱动器只能单向卷动磁带。磁带盒有 3 m、7.5 m、15 m 和 30 m 等不同的长度可选。因为磁带驱动器只能向前转动直到磁带找到"载入点"，所以，磁带越长，卷带就需要越长的时间。在 30 m 长的磁带找到载入点需要 5 分钟，因此，我们会很仔细地选择合适的长度[1]。

　　逻辑上，这种磁带可以再分为多个文件。只要空间足够，在一盘磁带上存放多少文件都

---

1　这些磁带只能向一个方向移动。因此，如果发生读取错误，由于磁带驱动器无法倒带，只能再重读一次。这时就只好停下手里的活，将磁带转到载入点，然后重新开始。这种情况每天都会发生一两次。写错误也很常见，而磁盘驱动器无法检测到这种情况。因此我们每次写磁带时都会写两份副本，在工作完成时会对两份磁带都进行检测。如果一份磁带坏了，就会马上再做一份副本。如果两份磁带都写坏了，就只好将整个操作重新来过了，虽然这种情况不太经常出现。在 20 世纪 70 年代，就是这个情形。

行。找文件时，先载入磁带，然后逐个检索，每次跳读一个文件，直到找到想要的文件。我们会在墙上列出源代码的目录，这样在找到想要的文件前，就可以知道还要跳过哪些文件。

在实验室的架子上，有一盘 30 m 长的源代码磁带作为母带。这个磁带上贴有写着"母带"字样的标签。要编辑文件时，我们会将母带载入到一个驱动器中，然后在另外一个驱动器中载入一个 3 m 长的空白磁带。我们会在母带上翻跳，直到找到所需的文件，再将那些文件复制到空白磁带中。然后将两盘磁带都卷回到起点，把母带放回到架子上。

实验室的公告板上有个特殊的母带目录列表。一旦做好了要对之进行编辑的文件的副本，我们就会在板上的文件名旁插上一枚彩色的图钉。我们就是这样签出文件的！

然后，我们在屏幕上编辑磁带。使用的编辑器是 ED-402。这个编辑器真的很不错，和 vi 很类似。我们可以从磁带上读取、编辑、写回，然后读入下一页。每页一般有 50 行代码。我们无法提前查看后面页面的内容，也无法在磁带上回看已经编辑过的页面内容，所以会使用前面所说的列表。

事实上，我们会在列表上标出想要对文件进行的全部修改动作，然后根据标识来编辑修改相应文件。任何人都不能在终端上编辑修改这些代码！那可是自杀行为！

一旦所有需要编辑的文件都已经修改完毕，我们就会将这些文件和母带上的文件进行合并，创建一盘新的工作磁带，然后使用这个磁带进行编译和测试。

做完测试，确认修改正确有效，我们会先看一下公告板，如果板上没有新的图钉插在那里，那么只需重新给工作磁带贴上"母带"的标签，然后把插上的图钉从板上拔除即可。如果板上有新的图钉，那么我们会拔除自己的图钉，然后把工作磁带交给那些图钉还在板上的伙伴。他们必须来做后续的合并工作。

我们那时只有三个人。每个人都有各自对应的不同颜色的图钉，因此很容易就可以知道谁签出了文件了。大家都在同一个实验室里工作，可以随时相互交谈，公告板上的状态都记在脑袋里了。因此，公告板就显得有点儿多余了，并不常用。

# A.1　工具

今天有许多工具可供软件开发人员选用。有许多工具没什么价值，但是有一些工具是每位开发人员都必须熟练掌握的。本章中给出的是我个人当前使用的工具包。我并没有对目前市面上的所有工具做过完整的调查，因此，本章并不能被视为很全面的工具评测结果，仅就我个人使用的工具谈些经验而已。

# A.2　源代码控制

谈到源代码控制，开源工具通常是最好的选择。为什么这么说呢？因为它们是由开发人员专为开发人员编写的。开源工具是开发人员自身有实际需要时为自身使用而编写的。

市面上有一些昂贵的、商业化的"企业级"版本控制系统。我发现这些软件不是推销给开发人员使用的，而是推销给管理人员、行政人员和"工具委员会"的。他们所列出的特性引人注目，但通常不具备开发人员真正需要的那些特性。最要命的是速度不行。

## A.2.1　"企业级"源代码控制系统

也许你的公司已经买了一个"企业级"源代码控制系统，如果真是这样，那也太可怜。从公司政治角度而言，如果你在公司里到处宣扬"Bob 大叔说了不要用这个"也许不太合适。但是，还是有一个简单的解决办法可以采用的。

你可以在每个迭代末期（或每两周一次的样子）将代码签入到"企业级"系统中，而在每个迭代过程中则使用某开源系统，这样一来，每个人都很开心，大家相安无事，既没有和公司的任何规定发生冲突，也可以让自己高效工作。

## A.2.2　悲观锁与乐观锁

在 20 世纪 80 年代，悲观锁似乎还挺实用。毕竟，管理同步更新问题最简单的方法，就是让更新按顺序依次进行。因此，如果我正在编辑一个文件，你最好不要同时也进行编辑。事实上，我在 20 世纪 70 年代末期所使用的彩色图钉系统就是悲观锁的一种形式。如果文件旁有一枚图钉，那么就不要编辑那个文件。

当然，悲观锁有其自身的问题。如果我锁住了一个文件，然后去度假了，其他想要编辑这个文件的人就无法继续了。事实上，即使我只是锁住这个文件一两天，都会导致需要进行文件修改的伙伴工作上的延期。

用于对同步修改过的文件进行合并的工具，已经有了很大进步。如果仔细考虑这个问题，会发现它们相当精妙。这些工具会查看两个不同的文件以及这两个文件的旧版本，然后应用多种策略来指出该如何合并这些同步进行的修改。而且，这些工具在这方面做得确实非常好。

这样一来，悲观锁的时代就终结了。我们在签出文件时，就不再需要对文件加锁了。事实上，我们根本就不用再为签出单独的文件操心了，现在可以签出整个完整的系统，对需要的任意文件进行编辑修改。

当准备签入做出的修改时，只需执行"更新"操作即可。这个操作会告诉我们是否有其他人已经在我们前面签入了代码，然后对大多数的修改进行自动合并，找到冲突的地方，帮助我们完成后续的合并工作。最后，我们只需提交合并好的代码即可。

在本章的后面部分，我会花不少篇幅谈论自动化测试和持续集成在这个过程中可以发挥的作用。在这里我只想先指明一点，永远不要签入没有通过全部测试的代码。永远不要。

## A.2.3　CVS/SVN

CVS 是一个古老的备用的源代码控制系统。以前 CVS 还不错，但对今天的项目而言，它已经不适用了。CVS 的优势是处理单个文件和目录，但不擅长重命名文件或删除目录。本书不打算详谈这个话题，点到为止。

相对来说，Subversion 十分出色。只需一个命令便可签入整个系统（与其他地方的签入/签出保持一致），还可以很方便地进行更新、合并和提交操作。只要不涉及分支，SVN 系统还是相当易于管理的。

### 1．分支

2008 年前，我只以最简单的方式使用分支，尽可能避免其他一切复杂的用法。如果一名开发人员创建了一个分支，在迭代结束之前，这个分支必须被合并回主干上。事实上，我对分支的使用控制得十分严格，因此在我参与的项目中几乎很少使用分支。

如果你在用 SVN，我建议你"不使用分支开发"。但是，有一些新工具彻底改变了这个游戏规则。这便是分布式源代码控制系统。git 是我最喜欢的分布式源代码控制系统。下面我来谈谈 git。

### 2．git

我在 2008 年末开始使用 git，它从此便改变了我使用源代码控制系统的全部方式。本书不打算解释为什么这个工具改写了游戏规则，但是对图 A-1 和图 A-2 进行比较，你应该可以明白其中缘由。

图 A-1 展示的是还在 SVN 管理下的 FitNesse 项目数周的工作情况。从中可以看出我所采取的严苛的"无分支"规则的效果。我们不使用任何分支，而是十分频繁地在主干上进行更新、合并和提交操作。

- More bug fixes
- Docs now say that Java 1.5 is required.
- Bug fix
- Many usability and behaviorial improvements.
- Clean up
- Added PAGE_NAME and PAGE_PATH to pre-defined variables.
- Added ** to !path widget.
- link to the fixture gallery
- fixture gallery release 2.0 (2008-06-09) copied into the trunk wiki at
- Firefox compatability for invisible collapsible sections; removed .ce
- Updated documentation suite for all changes since last release.
- Enhancement to handle nulls in saved and recalled symbols. Adde
- Added a "Prune" Properties attribute to exclude a page and its chil
- Fixed type-o
- Added check for existing child page on rename.
- Added "Rename" link to Symbolic Links property section; renamed
- Adjusted page properties on recently added pages such that they c
- Enhanced Symbolic Links to allow all relative and absolute path for
- Cleaned up renamPageReponder a bit more.
- Cleaned Up PathParser names a bit. Pop -> RemoveNameFromE
- Cleaned up RenamePageResponder a bit. Fixed TestContentsHel
- updated usage message
- Fixed a bug wherein variables defined in a parent's preformatted bl
- Added explicit responder "getPage" to render a page in case query
- Tweaks to TOC help text.
- New property: Help text; TOCWidget has rollover balloon with new
- Redundant to the JUnit tests and elemental acceptance tests.
- Removed the last of the [acd] tags.
- !contents -f option enhancement to show suite filters in TOC list; fix
- TOC enhancements for properties (-p and PROPERTY_TOC and F
- 1) Render the tags on non-WikiWord links;
- Added http:// prefix to google.com for firewall transparency.
- Isolate query action from additional query arguments. For example
- Accommodate query strings like "?suite&suiteFilter=X"; prior logic v
- Cleaned up AliasLinkWidget a bit.

图 A-1　Subversion 下的 FitNesse

　　图 A-2 展示了使用 git 管理下的 FitNesse 项目数周的工作情况。可以看到，我们使用分支，到处进行合并操作。这并非是因为放松了我的"无分支"规则，而是因为现在这种做法显然已经变成最方便的工作方式了。每个开发人员都可以创建存在时间很短的分支，只要想合并，就可以随时合并。

　　还要注意，这样做看不到有什么真正的主干存在，因为根本就没有主干。使用 git 时，不存在中央仓库或者类似主干的东西。每个开发人员在本机上都拥有完整的项目历史。他们在本地副本上进行签入签出操作，在需要的时候可以将之和其他人的分支版本进行合并。

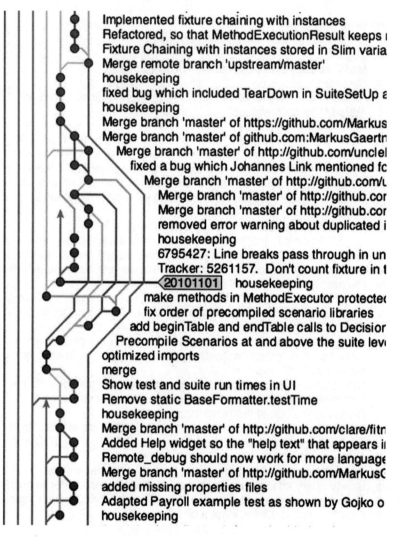

图 A-2　git 下的 FitNesse

　　我确实会维护一个完备的特殊仓库，向其中推入所有的发布版本和中间构建版本。但是如果将之称为主干，则是未得其中要领。事实上，这只是每位开发人员在本地持有的全部历史合集的一个便捷快照而已。

　　如果你对此还不太理解，也没有关系。git 属于那种初用时会感觉有点儿古怪的工具。习惯 git 的工作方式就好了。但是，在这里我想先指出：在未来，源代码控制系统是 git 和类似工具的天下。

# A.3　集成开发环境/编辑器

作为开发人员，我们将大多数时间都花在阅读和编辑代码上了。在过去的数十年间，用于阅读和编辑代码的工具已经发生了巨大的变化。有一些已经变得十分强大，而有一些自 20 世纪 70 年代以来就几乎没有什么变化。

## A.3.1　vi

你也许认为使用 vi 作为主要开发编辑器的时代早已过去。今天的许多工具比 vi 强大得多，也存在一些和 vi 很类似的简洁型编辑器。但事实是，因其简洁性、易于使用、快速及灵活性，vi 宝刀未老，仍然十分流行。vi 也许没有 Emacs 或者 Eclipse 那么强大，但仍不失为一款快速强大的编辑器。

话虽这么说，我现在已经不再是 vi 的重度用户了。往昔我曾被人称为"vi 神人"，但那已经是很久以前的事了。如果需要快速编辑一个文本文件，我也会时不时用用 vi。最近我甚至用它来快速编辑了一个在远程环境下的 Java 源代码。但是在过去的十年中，我几乎没有真正用 vi 写过什么代码。

## A.3.2　Emacs

Emacs 仍然是当前最强大的编辑器，而且也许未来数十年内依然是。其内在的 Lisp 模型可以确保这种优势。作为通用的编辑工具，还没有哪个编辑器比 Emacs 更强大。另一方面，我认为 Emacs 还无法与现在主流的专用 IDE 真正匹敌，因为编写代码并不等于一般的文本编辑工作。

在 20 世纪 90 年代，我是一名坚定的 Emacs 拥趸。对于编辑器我心无旁骛不作二选。那时，用鼠标点选的编辑器只是些可笑的玩具而已，没有开发人员会正儿八经地使用它们。但在 21 世纪初，当接触到 IntelliJ（我目前在用的 IDE）之后，我就没再回头了。

## A.3.3　Eclipse/IntelliJ

我现在是 IntelliJ 用户。我对它爱不释手，用它来编写各种代码，Java、Ruby、Clojure、Scala、JavaScript，还有许多其他类型的代码。开发这个工具的程序员是了解程序员编写代码时的真正需要的。这些年来，他们很少让我失望，我一直都很满意。

Eclipse 的功能范围和 IntelliJ 很类似。在编写 Java 代码时，使用这两个工具比起使用 Emacs 来，简直可以说是飞一般。还有其他同类 IDE 存在，但是由于我对它们并没有直接的使用经验，因此这里就不准备提及了。

这些 IDE 工具之所以能够超过 Emacs 这类工具，是由于它们功能强大，能帮助你更方便地操控代码。例如，在 IntelliJ 中，只要一条命令就可以从类中提炼出父类。可以重命名变量，抽取出方法，将继承转换为组合，还有其他很多很优秀的特性可以使用。

使用这些工具时，代码编辑不再只是操作代码行和字符，而是可以进行各种复杂的操作。不再是思考下一步要键入的是什么样的一些字符或代码行，而是要思考接下去要对代码进行怎样的一些变换。简而言之，编程模型已经大不相同，效率大大提高了。

当然，要获得这种力量也是要付出成本的。上手不容易，项目初始设置时间也不再可有可无了。这些工具不是轻量级的工具，运行起来会消耗许多计算资源。

### A.3.4　TextMate

TextMate 很强大也很轻量级。它无法完成像 IntelliJ 和 Eclipse 所具备的那种优秀的代码操作行为，也没有 Emacs 所具备的强大的 Lisp 引擎和库，更不具备 vi 的快速和流畅。但是，从另外一个角度看，TextMate 比较容易上手，操作很自然直观。

我会不时使用 TextMate，特别是用于编写临时性的 C++代码。对于大型的 C++项目，我会使用 Emacs，但是对于手头上简短的小型 C++编程任务，我就不想使用 Emacs 来折腾了。

## A.4　问题跟踪

目前我使用的是 Pivotal Tracker，这个系统优雅、简洁、易用，和敏捷/迭代方法很匹配。通过它，业务人员和开发人员可以快速地沟通。我对这个工具很满意。

对于很小的项目，我以前曾用过 Lighthouse。它很快捷，易于搭建和使用。但是无法和 Tracker 的强大功能相媲美。

我以前也曾使用 wiki 系统来进行问题跟踪。wiki 对于内部项目来说很好。你可以按照自己喜欢的方式来搭建问题跟踪方案，不会被迫使用某种固定的流程或强制的结构。wiki 也非常容易理解和使用。

有时候，最好用的问题跟踪系统可能是一打卡片和一个公告板。公告板被分为多栏，如"待办""进行中"和"完成"。开发人员只需在合适的时候把卡片从一栏移到下一栏即可。事实上，这种方法也许是今天敏捷团队最常使用的问题跟踪系统。

我一般推荐客户在采购一个跟踪工具之前，先从类似公告板这种人工系统开始。一旦掌握了这个人工系统的用法，你也就具备了选择合适工具的相关知识。而事实上，最合适的选择也许是继续使用这个人工系统。

## bug 数量

开发团队肯定会有一个待解决问题的列表。这些问题既包括 bug，也包括新任务和新特性。对于普通规模的团队（5~12 名开发人员）而言，问题列表的规模应该在数十个到百来个，不能是成千上万个。

如果有成千上万个 bug，那么肯定有哪里出问题了。如果有成千上万个特性和任务项，也肯定有问题。一般来说，问题列表的大小应该相对比较小，从而可以使用一个轻量级的工具（如 wiki、Lighthouse 或者 Tracker）来进行跟踪管理。

市面上有一些商业工具，看起来也挺不错，我在客户那里也见到过一些，但我自己并没有机会直接使用这些工具工作。只要保持问题数量少和可控，我并不反对使用这样的工具。当问题跟踪工具被迫跟踪成千上万个问题时，"跟踪"这个词也就失去了原来的意义。跟踪工具现在变成了"装问题的垃圾桶"（而且多半臭气熏天）。

## A.5　持续构建

最近我用 Jenkins 作为我的持续构建引擎。这是个轻量级的工具，上手特容易。只需要下载运行，快速做一些简单的配置，就可以跑起来了，很好用。

我的持续构建哲学很简单：把它和源代码控制系统对接起来。不管什么时候，只要有人签入代码，就要能自动进行构建，并把结果状态报告给团队。

团队必须一直确保构建成功。如果构建失败了，就必须"停止一切行动"，整个团队都必须聚在一起快速解决这个问题。无论在什么环境下，都不允许构建失败持续一天或更久时间。

在 FitNesse 项目中，我要求每位开发人员在提交代码之前必须运行自动构建脚本。整个构建活动不超过 5 分钟，因此并不会让人感到太难熬。如果构建有问题，开发人员必须解决这些问题，才能提交代码。因此，自动化构建很少会有问题。自动化构建失败的根源通常都是与环境相关的问题，这是由于我们的自动化构建环境和开发人员的开发环境存在较大差异的缘故。

# A.6　单元测试工具

每种语言都有自己独特的单元测试工具。我喜欢的是：写 Java 程序时用 JUnit，写.Net 程序时用 NUnit，写 Clojure 程序时用 Midje，写 C 和 C++程序时用 CppUTest。不论选择什么样的单元测试工具，这些工具都要支持如下一些基本的特性。

（1）必须能够快速便捷地运行测试。是通过 IDE 插件还是简单地通过命令行工具来运行，并无关紧要，但是开发人员必须随时都能运行单元测试。运行这些测试的方法不甚关键。例如，我是通过在 TextMate 里键入 command-M 来运行 CppUTest 测试的。我先前已经把这个命令和执行 makefile 文件关联起来，它会自动运行测试，在全部测试通过时会打印出一行报告。IntelliJ 支持 JUnit 和 Rspec 这两种单元测试工具，因此我不需要做其他什么动作，点击按钮运行就可以了。而对于 NUnit，我则是通过点击 Resharper 插件引入的测试按钮来运行测试。

（2）对于测试是通过还是失败了，这些工具应该给出清楚的视觉提示。是在图形界面中给出绿条还是以控制台消息提示"测试全部通过"都无所谓，关键是必须要能够快速运行全部测试，而且运行结果必须清晰明确。如果需要读好多行报告，甚至还要对两个文件的输出结果进行比较之后才能知道测试是否通过，那这个工具就不合适。

（3）对于测试进度，这些工具也应该给出清楚的视觉提示。是在图形界面中显示进度条还是以一串小点来显示并不要紧，关键在于它要能够清晰说明测试是仍在运行中、没有卡住，还是已经中止了。

（4）这些工具应该避免测试用例之间彼此通信。JUnit 通过为每个测试方法创建测试类的一个新实例的做法，防止测试用例通过实例变量彼此通信。其他一些工具以随机次序运行测试方法，防止一个测试依赖于前面另外一个测试运行的情况。不管是哪种机制，这些工具要能有助于确保测试用例之间互不依赖。测试用例间互有依赖是要极力避免的陷阱，千万不要掉进这样的陷阱之中。

（5）这些工具应该使编写测试变得十分容易。JUnit 做到了这点，它提供了方便进行断言的 API。同时它还使用了反射和 Java 的其他特性，将测试函数和普通函数区分开来。这使得优秀的 IDE 能够自动识别全部的测试，避免测试套件纠缠如一团乱麻，导致测试列表动辄出错。

# A.7　组件测试工具

这些工具用于在 API 层对组件进行测试。它们的任务是要确保组件行为是以业务人员和 QA 能够理解的语言来描述的。事实上，最理想的情况是业务分析师和 QA 能够使用这些工具来编写规约。

## A.7.1　"完成"的定义

组件测试工具之所以比其他工具强大，是因为它是用于定义"完成"含义的手段。当业务分析师和 QA 一起创建了定义组件行为的规约，并且这些规约能够作为可验证的测试套件来执行，那么，"完成"便有了一个非常清晰的定义，即全部测试通过。

## A.7.2　FitNesse

FitNesse 是我个人偏爱的组件测试工具。我编写了这个工具的一大部分，而且我也是这个工具主要的代码提交者。它就是我的孩子。

FitNesse 是一种基于 wiki 的系统，业务分析师和 QA 专家可以使用它以非常简洁的表格格式来编写测试。这些表格和 Parnas 表格在形式和意图上都十分接近。这些测试能够很快地组装成测试套件，并且这些套件也能被随意执行。

FitNesse 本身是使用 Java 语言开发的，但是它能够测试以任意语言开发的系统，因为 FitNesse 是与一个底层测试系统通信，而这个底层测试系统可以采用任意语言来编写。目前已经支持的语言包括 Java、C#/.NET、C、C++、Python、Ruby、PHP、Delphi 以及其他一些语言。

在 FitNesse 底层存在两个测试系统：Fit 和 Slim。Fit 由 Ward Cunningham 开发，它也是 FitNesse 及其同类工具最初的灵感来源。Slim 则更为简洁，移植性也更好，它是 FitNesse 当前主要使用的测试系统。

## A.7.3　其他工具

就我所知，还有其他一些工具也可归到组件测试工具一类中。

❑ RobotFX 是由诺基亚的工程师开发的一个工具。它使用的是和 FitNesse 中类似的表格格式，但不是基于 wiki 语法的。这个工具能够和预先准备好的基于 Excel 或者类似格式的平面文件一起运行。它本身是使用 Python 开发的，但是只要加上合适的桥接设施，就能够用来测试以任意语言开发的系统。

❑ Green Pepper 是一个商业工具，和 FitNesse 有许多相似之处。它采用的是颇为流行的 confluence wiki 语法。

❑ Cucumber 是以 Ruby 编写的引擎来驱动的测试工具，支持以普通文本来编写测试，但是可以使用 Cucumber 对多种不同的平台进行测试。Cucumber 的语法采用流行的"Given/When/Then"（设定……/如果……/那么……）风格。

❑ JBehave 和 Cucumber 很类似，从逻辑上讲，它可以说是 Cucumber 的父辈。JBehave 是用 Java 开发的。

## A.8　集成测试工具

组件测试工具也可以供多种集成测试之用，但是很少适用于通过用户界面来驱动的集成测试。

一般说来，我们不希望有很多通过用户界面来驱动的测试，因为，众所周知，用户界面是极不稳定的。这种极不稳定的特性，使通过用户界面来驱动的测试变得十分脆弱。

但是必须指出，一些测试必须经由用户界面来完成，最重要的是那些专门测试用户界面的测试。另外，一些端到端的测试要在装配好的完整系统中运行，也不可避免地涉及用户界面。

用于用户界面测试的工具，我最喜欢的是 Selenium 和 Watir。

## A.9　UML/MDA

在 20 世纪 90 年代早期，我满怀希望地相信 CASE 工具行业将会彻底改变软件开发人员的工作方式。在那个冲动的年代，展望未来，我满以为到现在这个时候，每个人都应该已经在更高的抽象层次上用图形语言编程，而文本语言编程的时代应该已经一去不复返了。

我太幼稚了。不但这个梦想没有实现，连朝这个方向所做的每一次努力都不幸失败了。不是缺乏工具和系统来展示这种方法的潜能，只是，这些工具都不理想，很少有人愿意用。

在这个梦想中，软件开发人员将可抛弃基于文本编程的琐碎细节，采用一种更为高级的图形语言来编写系统。事实上，只要这个梦想成真，也许根本就不再需要程序员了。架构师能够通过 UML 图形创建整个系统。工程师们，那帮人数众多、冷酷、对非编程人士的困境缺乏同情的家伙，只需把这些图形转换成可执行代码就可以了。这伟大梦想就是"模型驱动架构"（MDA）。

不幸的是，这个伟大的梦想有那么一点微小的瑕疵。MDA 假设代码是问题之所在。但事实上，代码并不是问题。代码从来都不是问题。细节才是问题。

## A.9.1 细节

程序员负责管理各种细节，这是我们的职责。我们通过管理各种最微小的细节来规范系统的行为。之所以使用文本语言来编写代码，正是因为文本语言（例如英语）非常便利。

我们管理的是什么样的细节呢？

你知道\n 和\r 这两个字符之间的差别吗？第一个字符\n 表示换行，第二个字符\r 表示回车。回的是什么"车"（carriage）呢？

在 20 世纪 60 年代和 70 年代早期，电传打字机是计算机最常见的输出设备。 ASR33 型号的电传打字机最为常见。

这个设备有一个打印头，打印头每秒能够打印 10 个字符。打印头上有一个小圆筒，上面铸着各个字符。圆筒可以旋转升降，当正确的字符朝向纸面的时候，就会有个小锤子敲击圆筒，将字符打在纸面上。在圆筒和纸面间有一条墨带，这时墨水便会把字符印在纸上了。

打印头放在一个车架（carriage）上。每打印一个字符，车架会向右移动一个位置，带动打印头前进。每行有 72 个字符，当到达行末时，必须明确地通过发送回车字符（\r = 0x0D）执行回车，否则打印头会继续在第 72 个字符上打印，会让那个字符变成一个脏兮兮的黑块。

当然，执行这一个命令还不够。回车后纸张并没有上移。如果只回车但没有发送换行指令（\n=0x0A），那么新的一行会重复打印在旧的那行上。

因此，对于 ASR33 电传打印机，每行应该以\r\n 结尾。事实上，还必须要注意，回车耗时有可能会超过 100 毫秒。如果发送了\r\n，紧接其后的下一个字符有可能刚好在回车的时候打印出来，这样就有可能在行中打印出一个污点。为了安全起见，通常会在每行末尾再附加上一到两个删除符[1]（0xFF）。

在 20 世纪 70 年代，电传打印机用得越来越少了，像 UNIX 这些操作系统把行末序列简化

---

[1] 删除字符对于纸带编辑十分有用。按约定，删除字符会被忽略。删除字符的代码是 0xFF，说明纸带上的这一行要全部打孔。这也意味着可以通过附加打孔将任一字符转为删除字符。因此，在录入程序时如果打错了，可以回退一格敲删除字符，然后继续录入。

为\n。但是，其他操作系统，如 DOS，仍然使用\r\n 作为行末的约定。

你最近一次处理文本文件时，因使用了"错误"的行末约定而遭遇到问题，是在什么时候？我每年至少要遇到一次。两个一模一样的源文件在比较时却发现不一样，生成的校验和也不一样，这就是因为它们使用了不同的行结束符。由于行末结束符有"错"，文本编辑器无法正确自动换行，或者文本里多空了一行。由于将\r\n 解析为两行，没有预料到空行的程序崩溃了。有一些程序能够识别\r\n，但是无法识别\n\r。诸如此类的问题很多。

这就是我所说的细节。试试使用 UML 来描述解决行末问题的可怕逻辑！

## A.9.2　没有希望，没有改变

MDA 运动旨在能够通过以图形代替代码来消除大量的细节。目前看来这种希望十分渺茫。事实表明，代码中并没有特别多的细节能够通过图形来消除。而且，图形自身也包含许多额外细节。图形有自己的语法、句法、规则和约束。最终，细节上的差异互相抵消了，并没有产生什么实质性的作用。

MDA 的希望是，能够证明图形是在比代码更高的一个抽象层次上，就像 Java 是在比汇编语言更高的一个抽象层次上一样。但是这个希望再次落空了。即使是在最理想的情况下，这两者之间在抽象层次上的差别也是微乎其微的。

最后，也许某一天真有人能够发明一种真正有用的图表语言，但那时也应该不是架构师们来画这些图，而是程序员。这些图形只是变成新的代码，而程序员们需要画出这些代码，因为最终一切都要落实到细节中，而程序员正是管理这些细节的人。

## A.10　结论

自我开始编程以来，软件开发工具已经突飞猛进，变得越来越强大、越来越丰富。我现在用到的只不过是数目众多的工具中的一小部分。我使用 git 来管控源代码，使用 Tracker 来管理问题，使用 Jenkins 来进行持续构建，使用 IntelliJ 作为集成开发环境，使用 XUnit 来做单元测试，使用 FitNesse 来做组件测试。

我目前用的电脑是一台 MacBook Pro，配置是 2.8 GHZ Intel Core i7 的 CPU、17 英寸的雾面屏、8 GB 的内存、512 GB SSD 硬盘，有两台外接显示器。